道孚崩科建筑

刘 伟 著

科学出版社
北京

内 容 简 介

四川省甘孜藏族自治州的道孚崩科建筑,以其独特的建筑结构与形貌被人们所关注,本书是对其进行的专题研究。全书分为三部分:第一部分阐述道孚县域的地理环境和自然气候;第二部分分析道孚崩科建筑的形成缘由,探求聚落的形成,剖析建筑的形式、空间、结构和材料等要素;第三部分评述道孚崩科建筑的优劣,提出改造的建议和措施。本书旨在从建筑理论方面论述道孚崩科建筑的造型与技术,为我国少数民族建筑的发展尽微薄之力。

本书适用于建筑学、城市规划、景观学、设计学等专业的师生,还可供建筑师、景观师、室内设计师参考,也可供民居爱好者和少数民族学者阅读。

图书在版编目(CIP)数据

道孚崩科建筑 / 刘伟著. —北京:科学出版社,2018.7
ISBN 978-7-03-058431-1

Ⅰ.①道… Ⅱ.①刘… Ⅲ.①藏族-民居-研究-道孚县 Ⅳ.①TU241.5

中国版本图书馆 CIP 数据核字(2018)第 174709 号

责任编辑:刘宝莉 乔丽维 / 责任校对:郭瑞芝
责任印制:师艳茹 / 封面设计:陈 敬

科学出版社 出版
北京东黄城根北街 16 号
邮政编码:100717
http://www.sciencep.com

中国科学院印刷厂 印刷
科学出版社发行 各地新华书店经销

*

2018 年 7 月第 一 版　开本:720×1000 1/16
2018 年 7 月第一次印刷　印张:12 3/4
字数:257 000

定价:95.00 元
(如有印装质量问题,我社负责调换)

序　一

初阅《道孚崩科建筑》书稿，就被该书的主题与内容所吸引。

因本人的专业背景，平日也阅读过大量有关民居的书籍，考察过国内外各种独特的民居建筑，远至欧、美、亚、非各国，近到国内各个地域，其适地而建的优秀民居，总能让我赞叹不已，这不正是人类在地球上所作营造活动最为成功的例子！是科学与艺术结合的伟大结晶！它们十分神奇，无不留下了各地区、各民族文化思想、宗教信仰以及生计方式的深深烙印。

随着交通的发展和物质条件的改善，以及近年来"进藏热"的不断升温，对藏式建筑的研究也受到了越来越多学者的关注。然而关于该书所涉及的四川省道孚县"崩科"式建筑，迄今仍鲜有完整的研究成果问世，刘伟先生通过资料研习、田野调查、现场测绘、理论推究等过程，经过多年的努力和积累，最终完成此书。该书揭示了当地藏族人民立足于特定的自然条件和社会宗教背景下独特的营造思想与精湛的营造技艺，为我国民族建筑与传统营造技艺的发展作出了重要贡献，很有意义，值得赞赏！

在我国这样一个多民族的国家，对于民族建筑的研究还远未达到应有的广度和深度，仍有许多优秀的民族建筑未被很好地研究，如该书所述的"崩科"式民居，这无疑为广大年轻学者提供了一个很好的展示自己抱负和能力的机会。希望该书的出版，也对广大的年轻学者起到标杆的作用，带动更多对于类似的地方民居或特色建筑的研究，让我国这片富饶大地上的优秀民居建筑都能被追根溯源，让更多鲜为人知的营造精髓能够广传于世。

此书作者自大学本科开始就是我的学生，经过多年的工作实践之后，今年又以优异的成绩进入清华大学美术学院可持续设计方向攻读我的博士研究生。他利用在西南民族大学城市规划与建筑学院任教的优势，常年进入四川、云南、西藏等地的藏区进行实地调研，带领学生在藏区进行测绘和数据资料的采集与研究工作，打下了良好的有关藏族民居建筑的理论与研究基础。他能在平时积极关注我国少数民族传统建筑的营造技艺，我深感欣慰。

少数民族建筑地域性强、类型多样、形态丰富，营造过程中就地施技，在广袤的中国大地上枝繁叶茂，有机生长，形成了历史上我国传统建筑的适宜性发展，成为世界建筑体系中独特的东方代表，其中民居建筑当之无愧地成为这庞大建筑体系内不可小视的主要成员，它集合了各地居民应对当地地形、地貌、气候等自然条件的成熟对策，适应当地原生材料而形成的结构与建造方式，结合当地文化、艺术、民俗和劳作的民间智慧，构筑出了一栋栋各地各族差异明显的民居建筑，同时也很好地体现了民居建筑中所蕴含的丰富的生态思想。而道孚县传统的"崩科"民居建筑也正是世界民居大家族中的重要一员，理应为大家所知晓。

  此书是一部专业研究书籍，同时也是一部适合普通读者的读物，作者的研究也是为大众解读我国少数民族具体地域中特色建筑的一种尝试。

  当然，由于各种因素的限制，此书难免存在各种不足，但是，对于年轻人勇于探索的可贵精神，我们应当给予赞赏和鼓励！

周浩明

2017 年 11 月 28 日于北京

序 二

十几年前,刘伟老师成为我早期的几个硕士生之一。一晃,他已经毕业十年,已成为西南民族大学的骨干教师,并完成了这本书。

我从未去过道孚这个地方,但生长在这块土地上的崩科建筑却看着亲切,透着某种熟悉感。书稿中,高原寒地和附着其上的藏族民居及宗教寺院构成了与内蒙古草原上藏传佛教召庙相同的自然人文景观。由此,联想到当年我们调研内蒙古传统建筑时的艰辛,想必刘伟老师和他的团队也付出了不少心血,吃了不少苦。

这是一件难能可贵的事,从书稿的内容看,他的工作做得很扎实。在我看来,这本书的出版至少有三点意义:

(1) 全书的内容不是简单的普查结果,而是基于文献和现状调研两个方面的系统梳理。内容从聚落、建筑到结构技术,并对该类传统建筑做了评价,同时提出了发展和保护的措施,为后人在这方面的继续研究提供了方便。

(2) 对当下我国的传统建筑保护而言,抢救历史信息十分重要。近年,在我国不少地区,尤其是少数民族地区,旅游事业快速发展,当地的人们由于缺乏对传统建筑的保护意识,建设性的破坏十分严重,许多有价值的历史信息已经不可再生了,很让人痛心。这本书部分地起到抢救传统建筑历史信息的作用,为日后的保护工作奠定了基础。

(3) 近年来,地域性建筑创作的优秀作品不多,其中一个主要原因是创作者缺少文化根基和历史视野。创作者对于前人的建造智慧和哲学思想没有认真总结,使得大多数作品仍处于符号的形式表现,尤其是一些年轻的地方建筑师,更是表现得有些浮躁,只顾生产,不去积淀。从这一点上看,这本书的努力也是具有现实意义的。

基于上述认识,建议刘伟老师能够在现有研究的基础上,建立道孚崩科建筑的系统档案,以数据库的方式加以呈现,可以更清晰直观地利用并保存上述研究内容。

祝愿刘伟老师和他的团队在地方民族建筑研究和地域性建筑创作方面走出一条路来,取得更多成果。

张鹏举

2018 年 3 月 18 日

前　言

当下民族村寨的保护与各种研究活动日益繁盛,关于它的发展也有着不小的争论,是继续原村寨风貌,还是改造与革新,答案当然是对有价值的村寨风貌和它的空间格局、建筑、形式、文脉等进行保护。然而,要弄清楚各个村寨的价值就需要深入其中调研和体会,查阅相关古籍文献,了解它们的形成历史与事件,还要身临其中长时间开展感知、测绘、度量、访谈、记录、拍摄等实质行动,只有全身心融入当地生活,才能真正了解和掌握其保护的价值以及发展思路。

在我国广袤的土地上生活着五十六个民族,他们创造的村寨与民居建筑历史悠久、类型多样、形态万千,均有因地制宜、因势而造的特色。例如,我国四川西部的藏羌民居,云南的傣族民居,东北林区的井干式民居,陕西的窑洞;沿海一带的江浙民居,安徽的徽派建筑,福建的土楼,广东的岭南民居;还有西部和北部的少数民族建筑,如蒙古族的蒙古包、维吾尔族的阿以旺、藏族碉楼等,可谓数不胜数,它们均是在历史进程中不断适应当地环境而逐步形成和长期发展的结果。

四川省有一个以藏族居民为主的地方——道孚县。地处川西部,隶属于四川省甘孜藏族自治州,那里民风淳朴,自然风景迷人,地形多样,既有连绵的山丘,又有开阔的草原,还有江河湖池和农牧相间的地方,传说故事和历史记载丰富。然而该地方最有特色之处在于现存或新建的民居建筑和崩科聚落。崩科又名崩柯、棚科等,因其自成构建体系,书中称为崩科。崩科被称为用树木建构起来的房子,其主体结构与部分围护体全采用木料,仅少部分墙体用土石砌筑,有适应当地环境特点的民居独特性。它们与四川藏族地区的其他民居又具有相同性,如相同的材料、结构、构造、造型和建造方式。书中较少解析当地传统文化与民族艺术,据笔者查阅有关道孚的文化和艺术方面的文章,已有数百篇之多,但纯粹从建筑设计及技术角度分析的较少,于是笔者产生了研究的初步想法。与此同时,在多年带领学生深入四川藏族聚居区调研、测绘过程中,被当地民族传统建筑所蕴含的智慧与贤能所折服,对他们持之以恒、勤劳勇敢、不畏困难的精神,善良纯真的性格赞叹不已,还被他们节俭质朴的习惯所感动。每次进入川藏地区,见到千姿百态、形态各异、特色突出的民族建筑,心中都有一种深究的冲动,想把它们的来龙去脉和建造技术了解清楚,比照它们的异同,找出各自的特点和相互关系,向世人展示藏族的建造文明和成果。虽然,现实中因各类杂务而有所延误,但由于笔者对民族建筑的热爱,尚能坚持研究,时至今日终于在长达三年的写作中,断断续续地完成了这项民居研究成果。

本书第1章从道孚崩科环境入手,分析崩科营建时的客观条件和文化、经济、宗教等情况;第2章分析道孚崩科聚落组成的原因,概述其历史,重点介绍藏族传统聚落形式的四种类型,并对崩科建筑与聚落空间的相互关系进行了分析;第3章阐述道孚崩科建筑的形式,分解道孚崩科建筑的平面、立面、剖面、空间等多种组成部分,逐一对每部分的功能与位置、表现等给予论述,知晓建筑整体的情况;第4章从道孚崩科建筑的结构分析其地基、基础、墙体、柱子、楼盖、屋盖等内容,对建筑各层的构造及材料做了一定的阐述,客观地解析道孚崩科建筑的技术性、安全性和抗震作用;第5章对道孚崩科建筑的优点和不足进行评述,为建造现代道孚崩科建筑和保护传统道孚崩科建筑产生积极作用,更有利于川藏民居建筑的发展;第6章针对前述的不足,在当今社会重视地域和民族文化,以及生态观的影响下,提出相应的保护措施及办法,目的是为道孚崩科建筑的可持续、健康的规划设计起到一定的参考作用。

在撰写本书的过程中,得到了许多同事和专家的支持。西南民族大学城市规划与建筑学院的赵兵院长为作者前去道孚县调研给予了很多支持。道孚县政府办公室的相关工作人员、当地村委和村民的配合给我们数次进驻提供了极大便利;麦贤敏教授为本书写作提供了大量照片及相关信息,黄鹭红副教授和刘春燕副教授为本书提供了物理实验数据与当地的调研图片,同去的部分老师和学生也为本书的完成起到技术支撑作用。同时,书稿得到了清华大学周浩明教授的指导,使内容表达更准确。另外,书中个别插图来自于相关文献资料,在此一并表示感谢!

真心希望本书的出版能对少数民族地区聚落保护与民居建筑发展有所帮助。同时,由于作者能力有限,书中难免存在不足之处,恳请读者批评指正。

目 录

序一
序二
前言

第1章 道孚崩科环境 ·· 1
  1.1 地理环境 ·· 1
  1.2 文化环境 ·· 4
    1.2.1 生活习俗 ·· 4
    1.2.2 文化思想 ·· 6
    1.2.3 宗教信仰 ·· 10
  1.3 气候环境 ·· 12
  1.4 经济环境 ·· 15

第2章 道孚崩科聚落 ·· 17
  2.1 道孚崩科聚落组成原因 ····································· 17
  2.2 道孚崩科聚落演变概述 ····································· 21
  2.3 道孚崩科聚落的形式分类 ··································· 30
    2.3.1 向心类 ·· 31
    2.3.2 台地类 ·· 33
    2.3.3 扩散类 ·· 34
    2.3.4 线状类 ·· 38
  2.4 道孚崩科建筑与聚落空间的关系 ····························· 40
    2.4.1 聚落空间的道孚崩科建筑造型 ························· 44
    2.4.2 道孚崩科建筑影响聚落空间的因素 ····················· 47

第3章 道孚崩科建筑形式 ·· 55
  3.1 道孚崩科建筑的平面形式 ··································· 55
    3.1.1 主功能平面形式 ····································· 56
    3.1.2 次功能平面形式 ····································· 57
  3.2 道孚崩科建筑的立面形式 ··································· 59

  3.2.1 一层立面形式 ……………………………………………… 59
  3.2.2 二层立面形式 ……………………………………………… 62
 3.3 道孚崩科建筑的空间组合 ………………………………………… 64
  3.3.1 道孚崩科建筑的空间单位 ………………………………… 64
  3.3.2 道孚崩科建筑空间的组合形式 …………………………… 69
  3.3.3 道孚崩科建筑空间的作用 ………………………………… 76
 3.4 道孚崩科建筑群组合形式 ………………………………………… 77
  3.4.1 道孚崩科建筑形式演化 …………………………………… 77
  3.4.2 道孚崩科建筑组合形式分析 ……………………………… 79

第 4 章 道孚崩科建筑的结构与构造 ……………………………………… 81
 4.1 道孚崩科建筑的结构 ……………………………………………… 81
  4.1.1 道孚崩科建筑结构图 ……………………………………… 83
  4.1.2 地基与基础 ………………………………………………… 84
  4.1.3 墙体和柱子 ………………………………………………… 85
  4.1.4 楼盖与屋盖 ………………………………………………… 89
 4.2 道孚崩科建筑的构造 ……………………………………………… 93
  4.2.1 一层剖面构造 ……………………………………………… 94
  4.2.2 楼盖剖面构造 ……………………………………………… 95
  4.2.3 二层剖面构造 ……………………………………………… 96

第 5 章 道孚崩科建筑的优劣评述 …………………………………………… 99
 5.1 道孚崩科建筑的优点 ……………………………………………… 102
  5.1.1 道孚崩科建筑的模数化和程序化 ………………………… 103
  5.1.2 道孚崩科建筑因地制宜、就地取材和施工高效 ………… 107
  5.1.3 道孚崩科建筑体型小、结构轻质且分工明确 …………… 114
  5.1.4 道孚崩科建筑平面布局合理、内部空间层次分明 ……… 121
  5.1.5 道孚崩科建筑工艺讲究、色彩明快且装饰华丽 ………… 126
 5.2 道孚崩科建筑的缺点 ……………………………………………… 133
  5.2.1 道孚崩科建筑木材耗费大、易火灾且影响生态环境 …… 133
  5.2.2 道孚崩科建筑结构不完善、缺少基础、抗震性不够 …… 138
  5.2.3 道孚崩科建筑室内装饰繁琐和主次关系模糊 …………… 144

第 6 章 道孚崩科建筑发展的保护措施与改造建议 ………………………… 155
 6.1 道孚崩科建筑发展的保护措施 …………………………………… 158

  6.1.1 保护道孚崩科聚落空间的原真性与整体性 …………………… 159

  6.1.2 保护道孚崩科建筑的形貌与维护周边生态环境体系 ………… 160

  6.1.3 保护道孚崩科建筑的文化特色与室内设计 …………………… 167

 6.2 道孚崩科建筑发展的改造建议 ………………………………………… 170

  6.2.1 道孚崩科建筑类型学的方法设计 ……………………………… 171

  6.2.2 道孚崩科聚落空间的景观设计与新建筑设计的要求 ………… 175

  6.2.3 道孚崩科建筑的防火措施、基础和结构加强以及保温增强 … 181

  6.2.4 工艺美术培养和室内装饰色调改善 …………………………… 186

参考文献 ………………………………………………………………………… 189

第1章 道孚崩科环境

1.1 地理环境

道孚为行政县级,县域面积为7053km²,位于四川省甘孜藏族自治州西北部(见图1.1[1]),处于青藏高原东南端的鲜水河断裂带,它与东面的丹巴县相邻,同西面的新龙县相接,南连雅江县,北连炉霍和阿坝藏族羌族自治州的金川,与壤塘县邻接;地理坐标为东经100°32′~101°44′,北纬30°32′~32°21′;县域范围东西为116.24km,南北为132.44km[2]。

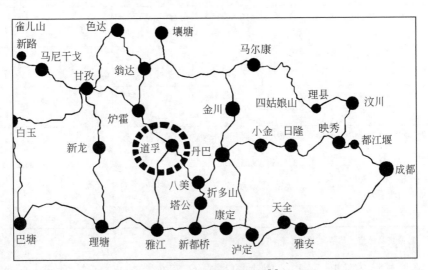

图1.1 道孚地理位置[1]

道孚地形复杂,属高寒环境,山路崎岖,峰峦起伏;其山脉连接,呈东北高、东南略低之势。过去道孚县交通十分闭塞,地广人稀,雪山一年四季积雪不融,从东北方一直延伸入县域内,并与横亘山的支脉白日山紧密连接,成为道孚县域内的分水岭,平均海拔在3245m左右。道孚县城作为县域内政治、经济、文化的中心,海拔高达3007m,城内民族众多,有藏族、汉族、彝族等16个民族,其中藏族人口所占比例最大,人口数量和规模上都远远超过本县其他民族的人数。

道孚拥有耕地805hm^2,人均占有耕地面积约为1987m^2,草地面积416875hm^2,而能用于放牧和生产的有378689hm^2;地域内林地293480hm^2,森林覆盖率达到25.3%。

道孚地貌多样,在历史中经历过多次构造运动,才形成今天人们所见到的县域各种地形景象。它们属于四川省西北部连绵起伏的高原和山原区,层层叠叠、星星点点的平坝,宽阔的台地,深陷的峡谷,海拔极高的冰川等,集合各类地貌为一体。道孚县地貌分布情况见表1.1[3]。

表1.1 道孚县地貌分布情况[3]

类型	乡、镇	面积/km^2	占总面积比例/%
平坝	鲜水镇、格西乡、麻孜乡、孔色乡、瓦日乡	33.96	0.45
台地	(沿鲜水河两岸)瓦日乡(部分)、木茹乡、格西乡(部分)、麻孜乡等	7.55	0.10
中山(海拔4000m以下的山地)	瓦日区部分乡、尼措区部分乡、扎坝区部分乡	2409.69	31.93
高山(海拔5000m以下的山地)	七美乡、玉科乡、八美镇	4196.78	55.61
极高山(海拔5000m以上的山地)	沿大雪山脉分布	19.62	0.26
高平坝(海拔3000m以上的平缓地面)	八美镇、协德乡、葛卡乡、龙灯乡、色卡乡、甲宗乡	484.50	6.42
高山原(海拔3000m以上的山顶、山脊、山坡上的平缓平面)	八美镇、龙灯乡、色卡乡、银恩乡、孔色乡等	389.41	5.16
其他	—	5.28	0.07

注:此表数据源自于《道孚县志》,经编制而成。

道孚县域内海拔5000m以上的高山有8处,它们位于扎坝高山峡谷区、尼措山原河谷区、葛卡山原深切峡谷区、八美山原宽谷区(见图1.2)、玉科山原高山区等地。初步形成于三叠系,位置处于扬子准地台(Ⅰ级)西部边缘,称为康滇地轴(Ⅱ级),南北向构造地段具有双层特征,山脉约占整个县域面积的80%。其大地构造层次分明(见图1.3),呈现南北带状形式。县域内有规模大小不等的西北向断裂20多条,其中玉科断裂和鲜水河断裂规模最大,也最有代表性。

图 1.2 八美山原宽谷区

图 1.3 道孚地形构造

1.2 文化环境

1.2.1 生活习俗

道孚地区人们的生活习俗主要是藏族传统的文化习俗,涉及婚姻、家族、家庭等方面。当地人大部分世代聚居在道孚地域。生活在这里的人们,他们的生活习俗都深深地打上了宗教的烙印,无论是穿衣、饮食、住房还是行为,无处不在。

依照穿衣来看,道孚人基本上信仰藏传佛教,在节日里男女老少都穿着尽显雍容华贵的藏族传统服装,其全身装饰品琳琅满目,有金、银、铜、珊瑚、玛瑙、松耳石、翡翠、珍珠等品种。只要当地一到藏传佛教大小节日,他们都会毫无保留地把自己最漂亮、华丽的衣服拿出来穿上,体现了道孚人对佛、自然的敬仰与遵从。

道孚过去称为道坞,藏语译意为"马驹",因县城的地形而得名(见图1.4)。根据《四川省甘孜藏族自治州道孚县地名录》中记载:"县名依地形而定,从(县城后面)山上俯视县城,其形如马,故名。"[4]

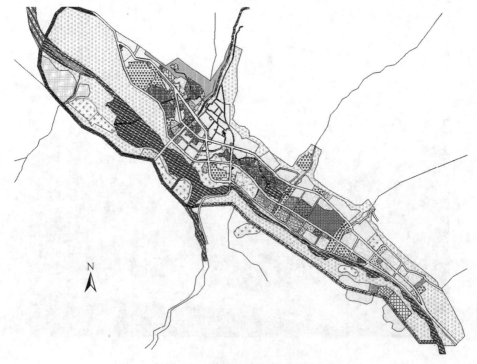

图1.4 道孚县城地形平面图

从历史上看,北起青海省东南部、四川省西部、西藏自治区东部等地的广大民族群,一起构成族际关系,并且历史文化都十分复杂。20世纪80年代,我国人类学家费孝通先生提出了这个文化关系为"汉藏走廊,藏彝走廊"[5]的民族走廊概念。其实,族际关系中的道孚就属于走廊内的一部分,该地域全民信教,生活中各类习俗和所及之处都与宗教信仰息息相关。过去成年人和老人常常手持佛珠,嘴里不停地念诵着六字真言以祈求佛的保佑。现在当地的家庭常为父母、长辈和子女三世同堂,男子外出打工挣钱,或以经商、运输等方式致富,女人在家里照顾老人、小孩,只有到了春耕秋收农忙之时,男子才回到家中和家人团聚,并从事农活,而妇女负责背肥、松土、除草工作。当地习俗是一般家族里长辈(有些舅父)的权力颇大,只要涉及家中重要的活动,如结婚、分财产等都必须同他们商量,不能由父母和自己决定,家中长辈所坐的位置也是上位,要以贵宾相待。

日常妇女早起熬茶做饭、挤牛奶,男人则承担喂马、喂羊、担水等。吃过饭后,孩子们按照父母的吩咐各自帮着家里干活。大一点的孩子做农活或其他家务,小的孩子把牛、羊、马等牲口赶到山上放养,待牲口到达各家的圈地范围后,才能到学校上课。家里的老人一般无事就在村寨里走走、散散步,如果还有幼小的孙辈,老人会负责照看他(她)们,这种和睦的情景显示出当地人世代团结、尊老爱幼的习俗。当地的藏族人均无姓氏,姓名一般由村寨或房名再加上后面的名字组合而成,由三字左右构成,也有五字、六字的。家族没有家谱,如果有外族人与本族人结婚,就需要保留外族的姓氏,体现了热情友好的和亲习俗。

在道孚人的日常生活中还有一些献哈达、敬酒的好客习俗。他们喜欢在高山垭口、十字路口垒玛尼堆,并沿顺时针方向绕圈行走,民间普遍会在每年固定的时间举行"庙会"、"擦擦会"、"垭吧会"和转山活动等。例如,"擦擦会"是当地藏族群众举行的一种农业性的祈祷活动,擦擦是用黄泥通过木质的模子筑造出来的,体量犹如砖块或拳头大小(见图1.5)。在每年的3月完成春耕时,家家户户筑造100个左右,等到农历九月十三日每户就把晾干的擦擦装入房内,有些是堆放在一个岩洞里,然后请当地的喇嘛念诵六字真言,共同祈祷庄稼丰收,随即献上哈达。哈达是一种丝制品,颜色有白色、黄色和蓝色,是藏族民众各阶层人物来往时最通行的一种礼物,也是社交活动不可或缺的必备品。

道孚人同其他地方的藏族人一样,非常喜欢白色。在道孚民居崩科建筑中,建筑整体主要由白色和棕色两种颜色构成,屋顶与主墙常作白色,而建筑主体结构为木材,多用棕色涂饰,在其上配红色、蓝色等图案(见图1.6),十分显眼,尤其在绿色的草原上和稀疏的树林中,更显得建筑明亮和与众不同。

(a) (b)

图1.5 藏族地区的擦擦

图1.6 道孚建筑的色彩与图案

1.2.2 文化思想

道孚县在历史上地处茶马古道交通冲要,也处于古代民族融合的走廊中。早在隋代,该地域就建立了附国,道孚即是附国的核心。据《隋书·附国》记载:"附国者,蜀郡西北二千余里……其国南北八百里……国有二万余家,号令自王出。"[6]公元7世纪中叶,吐蕃王朝吞并附国,赞普松赞干布联姻木雅人,道孚成为蕃汉之间的战略要地。那时的道孚人主要还是以南部的木雅人和周边的党项(人)、蕃(人)、东人等为主,他们之间相互交融,形成了现在康巴的道孚人群;

至唐朝中期，该地建立道坞城，位于剑南道西川节度使与吐蕃之间；到了宋朝，因西夏和金国的阻隔，宋与吐蕃的联系是通过历史上著名的西南"茶马古道"进行的。茶马贸易往来的交往形式一直保持到20世纪30年代。在汉藏往来中，道孚正好处于南北两线的枢纽位置，茶马古道历史上是以马为主要的交通运输工具，通过马帮方式在民间进行商业贸易活动，分为川藏线和滇藏线两路，它们是中国西南民族经济文化交流的走廊，主要源于古代西南边疆的茶马互市，兴于唐宋，盛于明清。其中，川藏线东起雅州边茶产地的雅安，经过康定、道孚西至拉萨，最后到达尼泊尔和印度等地，全长约为4000km，应该是当时吐蕃与内地联系的桥梁。

在元代，道孚地域完全归属于中央统治下，隶属宣政院辖地，至明朝属于长河西鱼通宁远宣慰司。清代属于雅州府，中华民国元年设县治，为道坞县，两年后更名为道孚县，属川边特别行政区。中华人民共和国成立后，1955年属于四川省甘孜藏族自治州，全县有藏、汉、回、羌、彝、满、蒙等民族，藏族为主体，因此是一个典型的藏族聚居区，其文化仍然是传统的藏族文化。道孚文化包含着藏族的农耕文化、游牧文化、格萨尔文化、走婚文化和木雅文化，是多元文化交汇集中地，各种文化历史渊源较长，其中当地传统的嘛呢经舞、酥油花和川西山歌已被四川省纳入非物质文化遗产的名录；建筑民居、木雕、石刻等传统技艺也历史悠久，至今在这块地区散发着地域文化的魅力。在道孚西北的七美乡、玉科草原上生活着游牧为主的道孚人，他们在那里世代传承着祖先的游牧生活和文化思想，采用帐篷居住的生活方式。玉科草原属于典型的冰蚀地貌，呈阶梯形式，在蓝天白云映衬下，它与茂密的森林同存，并成为道孚游牧文化的主要典型之地，其游牧人彪悍、刚直的特点也是道孚特色文化的体现。

在东南向是龙灯乡的龙灯大草原，那里不仅有游牧文化，更有鲜水镇以农耕文化为主的道孚民居崩科建筑（见图1.7），人们从格西乡眺望就能看见那些"崩科"式建筑群，它们由棕白两色形成，材料亲切暖和。圆木与土石结合共同构成了框架式结构建筑，远看似"井干式"，在起伏的高原地形上富有节奏地迤逦散布，十分优雅。其中，建筑上白色的石头和五颜六色的经幡突显着道孚崩科民居深受宗教文化的影响。

而在西南向就是道孚扎坝大峡谷的扎坝区，它位于红顶乡、仲尼乡、扎拖乡、下拖乡、亚卓乡中间，那里位置偏僻，乡里的村民依然保持着原始走婚文化，当地人称为配房子，是全世界已发现的第二个仍处于母系社会发展阶段，还保持着走婚文化的地区，在人类学家的眼中被誉为"人类社会进化的活化石"[7]，

图1.7 道孚民居远景

与此并存的还有木雅文化。

木雅在学术界被认为是一个古代地域名称,无论是吐蕃的历史记载,还是格萨尔史诗[8],都对木雅做过大篇幅的介绍。"弭药"是古老的部落名称,或是地域的代表,它地处道孚的南向中心,位于协德乡,当地人穿着的服饰、留存的火塘(见图1.8)、木雅嘎达锅庄和图腾文化均是它们的代表。该地木雅人是古代党顶羌人后裔,他们有自己的语言和习俗,例如白石崇拜等。公元7世纪上半叶,木雅人因不愿服从吐蕃的统治而逃到道孚地区并定居下来,从而成为了该地的居民。

道孚主体文化是藏族文化,因此道孚人的思想仍然保留着藏族的传统文化意识,信仰藏传佛教,注重融洽、安详、和平的生活方式,常以慈悲、施舍、忍让等思想进行人际交往。穿着讲究,好用华贵的饰品装点全身,如常见的有"松巴拉木"花靴,崇尚礼节形式,见到客人到来,都会献上哈达,表示敬意,尤其对于他们房屋的美观非常重视。在道孚人的思想中,房屋是他们安身的家园,也是精神寄托的地方,他们把一生的财富、精力、物力都用在了房屋的营建和管理上,从最初的主体建造到随后的室内外装饰(见图1.9),通过世代人的勤劳和智慧,装扮着各自美丽的房屋,最终形成了今天人们所见到的民居——道孚崩科建筑。

与此同时,道孚人的文化思想也受到各民族伦理的影响。在生活中他们自觉地规范和约束着自己的言行,尊重文化和贤人,热情好客,诚实守信,团结友

图1.8 道孚民居的火塘

图1.9 道孚崩科建筑室内装饰

爱,提倡邻里之间和睦相处,互相帮助。这些都是道孚人文化思想的体现,也是以宗教、伦理为核心的思想,兼容并蓄了兄弟民族的相关文化,具有很强的共性和特性。道孚地域上多民族聚居，各民族自成村落，并与周边的民族进行着文化上的交流和思想上的碰撞，进而相互之间的文化与思想达到进一步融合的目的。

1.2.3 宗教信仰

道孚是藏传佛教的兴盛之地，其影响盛大，早已成为当地群众主要信仰的宗教，在整个四川省甘孜藏族自治州内，寺院数量位于前列，据《道孚县志》记载"道孚县排第十位"[3]。道孚和藏族其他地区一样，宗教与民俗紧密结合，营造出极强的宗教氛围。由于道孚所处地域的特殊性，以及各民族文化交融的复杂性，进而有了多教派的宗教信仰特点。依据影响及信众的数量，依次分为格鲁派（黄教）、宁玛派（白教）、本波教（黑教）、萨迦派（花教）。其中，多年来黄教影响势力大，善男信女较多，从而成为该地域及藏族地区信仰最盛的藏传佛教教派。生活在这里的人们为了寻求他们内心的宁静和美好的寄托，日常生活中通常采用宗教形式表达自己的祝愿，并有各种崇敬自然的活动。

道孚地区有许多高山，当地人认为它们是神山或圣地，同时也是宗教信仰惯用的活动地点，代表性的有扎嘎神山、铜佛山、革德雪姆山等。这些山脉的山势险峻、森林密布、道路崎岖，是僧人静修的理想场地，平日里还有部分信众在此环绕神山行走，祈求幸福。到了过年过节时，便会出现大量的道孚民众与异地藏族人共同绕着各自山峰转路诵经、为家人祈福的场景，由于人逐渐增多，一些寺院僧人也在路边盖起单独的小木屋，里面放置少量人们所用的衣物和教派的供品（确朵）（见图1.10），为祈愿活动或短暂的生活服务。转山是藏族人对大自然的一种敬畏活动，也是生活中的一部分，反映了他们的宗教信仰观。据说道孚是仅次于布达拉宫的朝圣之地，相传也是格萨尔王赐予的粮仓。

藏传佛教是道孚人宗教信仰的主体，每家每户都会在房内专设一间佛（经）堂，里面供奉着教派的法器，摆设有佛龛和供品，内部装饰华丽，打扫干净，白天锁着门，每日清晨和晚上家里主人就会进入经堂认真收拾和整理，如给水杯里换上清水，打扫一下供桌面上的灰尘等。道孚人家室内的重点还是经堂和起居室（见图1.11），所以对于宗教的虔诚和佛教要求平日都严格遵守。例如建房，当地民众首先要请高僧或喇嘛念经、卜卦，通过他们的打卦算出房屋具体选址的位置及朝向；然后喇嘛测算建房动工的日期，之后房主才找工匠来建房。建房过程中某些仪式也要请喇嘛测算和念经，以此希望新房顺利如

第 1 章　道孚崩科环境

图 1.10　路边小屋内放置的衣物和供品

图 1.11　室内装饰的经堂和起居室

期修好。一般来说,热情善良的道孚人在修房时,常常会请村里邻居与远方的亲戚朋友过来一起帮忙搬运石块、泥土和木材等建筑材料,大家聚集在一起,热闹非凡地干着活,有时唱歌夯墙,欢声笑语,好不快乐。劳动中男女各有分工,女人背泥,男人垒墙或拌泥,工匠砌墙。在道孚乃至藏族地区的工匠一般不需要图纸,全凭眼力和施工经验,通过目测和估算,以专业的技艺完成每一幢房屋,让它们静静地坐落在碧绿的山川上,红绿相间,非常壮观。

道孚每年十月还会举行一种仪式,同当地藏传佛教的灵雀寺建造有关,是为庆祝该寺的竣工而设置的"萨甲扎德"。每一年当地人都会自愿到山上挖黄泥,并背着那些泥土前往寺院,然后用这些泥土把整个寺院装点一番,远看犹如新建的一般,而后寺院要举行大型的庆祝活动,人们会在黄泥面上涂刷上一层白泥,这种白泥当地人称为"巴松",藏族的意思是吉祥纯洁,于是当地人建房都会计划在每年4~8月修建,力争在10月主体完工,这个时期就正好与"萨甲扎德"相遇,达到吉祥如意的宗教含义。

除了建房,道孚人平日的出行和行为方式也都与宗教相关,在人们出门时成年人和老年人会手持佛珠念念有词,有些还会持续转辘,随时表达心中的希望,诵念经咒正是一名虔诚的佛教信徒的体现。

1.3 气候环境

道孚县属于高原河谷寒温带大陆性季风气候,县内自下而上的海拔被分成三类:第一类是海拔2600~3200m的山地温带半干旱气候区;第二类是海拔3200~4700m的山地寒带半温润区;而第三类是海拔5000m以上的高山常年积雪,冰冻层极厚,被称为冻厚气候区。平均年降水量在589mm,平均年无霜期为133天,平均年日照时间为2341h;年最高气温为29.9℃,平均年气温为8.2℃,年最低气温为零下14.3℃,昼夜温差大;年极端最低气温为零下16.2℃,最低温度曾低至零下21.7℃,而气温极端时达到30.8℃,甚至达到32℃。该县气候特点明显,春夏不分明,冬季时间长,夏季时间短,一般为1个月左右。冬寒,气候较干燥。白天热量充沛,使得当地的动植物品种繁多,有了各种建房的优质材料和资源。道孚县有三百多种草被资源,森林植被有5科10属20种,如红杉,原始森林中的冷杉、铁杉、云杉、柏木、桦木之类(见图1.12),还有国家一级保护动物,如金钱豹、藏羚羊、白唇鹿,二级保护动物26种,其他的野生动物40多种;在峡谷区还产川贝母、大黄、麝香、冬虫夏草等物,据说是

图 1.12　道孚植被丰富

南派藏药的发源之地。

　　道孚雨季适中,降水主要在每年的 6～7 月,当地有充沛的雨水汇集流入大渡河中。在道孚县域主要有玉曲河、却瓦鲁科、五重柯、干尔隆、沙冲河等 114 条河流,它们均属于大渡河水系,流域面积 2452.2661km², 水资源总量约为 11.97 亿 m³;另一水系由鲜水河、庆大河、茶垭河等 427 条河流组成,它们均属雅砻江水系,流域面积 5094.5155km², 属道孚县域内最大河流水系,水资源总量为 29.47 亿 m³。域内尚有 73 个湖泊。两个河流水系水域总流量较大,大约有 42 亿 m³, 所有这些水量为道孚人的生活耕作、建筑和牧畜发展起到很好的支撑作用。道孚县内的江河上建设的水电站为本县及周围区域提供日常生产、生活和经济发展的用电(见图 1.13)。

　　道孚常年主导风向为西向风,按六年一个周期,西风有 826 天,南风只有 449 天,西北风有 401 天,北风有 15 天,这是根据道孚历史风向统计(2011 年 1 月 1 日至 2017 年 1 月 1 日)的数据归纳出来的。同时,在道孚历史风力的统计中,3 级的风力大约有 1508 天,微风 450 天,1～2 级的风力 133 天,其余均在 3 级以上,也有 37 天。总的看来,道孚地区的风力和风向较适宜当地人的生活与生产,否则历史上不会把该县作为重要的兵家粮仓所在。《道孚县志》记载:"平均年日照为 2341.2 小时……月平均日照时数最多是 12 月,计 213.6 小时,月平均日照时数最少是 9 月,计 167.3 小时。"[3];"据 1991～2005 年资料显示,当

图 1.13　雅砻江水系上的水电站

地平均年日照为 2296.95 小时,年日照时数最多的是 2005 年的 2443.6 小时,年日照时数最少的是 2004 年的 2137.1 小时,最多和最少相差 306.5 小时。"[9] 资料显示,道孚日照强,适宜植物和瓜果、蔬菜生长,县域盛产苹果、花红、甜杏、核桃、花椒、山梨,还有小麦、青稞、玉米、白菜、茄子、辣椒、黄瓜等(见图 1.14)。

图 1.14　道孚农作物景象

1.4 经济环境

道孚位于四川省成都市的西部,甘孜藏族自治州东北部,距离成都577km,距离康定县约215km,交通便利,这些条件为道孚的经济发展奠定了快捷的运输基础。道孚区位优势明显,国道350线和248线横穿县域东西,道二路(道孚至金川二噶里)、雅道路(雅江至道孚)纵贯南北,连接着四川省西北藏族各州县,可以说是川藏北线的必经之地,也成为旅游经济圈的重要组成部分,是康巴文化区、安多文化区和拉藏文化区游览路线的交会点。

道孚独特的地理位置和人文环境使得该地域有许多旅游景点,如神山、石林、草原、民俗、村寨、崩科建筑等,这些景点不是仅有一村一寨,而是村村都有景点,乡乡都有美景。八美生态旅游景区位于道孚县的东南方,其范围大,东北连接丹巴县,东南与康定接壤,西南与葛卡、木茹、亚卓三乡交界,总面积为2027km^2,以高山和草原生态(见图1.15)、寺庙特色文化、历史古迹和民俗风情等景观为主,有惠远寺、八美石林、龙灯格萨尔草原等旅游景点。除此之外,还有鲜水镇、玉科生态旅游区和鲜水河大山峡谷景区,它们均是道孚旅游经济的生态资源。

图1.15 道孚草原的生态面貌

道孚是四川省甘孜藏族自治州三大青稞产品的粮食基地,历史上道孚素有西康粮仓的美誉,也是该州牧区"人、草、畜"三配套建设基地,苹果的五大生产基地之一。据资料显示,道孚县2005年实现国民生产总值1.76亿元,年平均增长10.6%,粮食总产量达到8065吨,人民的温饱问题得到保障。这些数据足以说明道孚县经济条件较好,增值快,尤其是农业经济持续增加,支撑着本县的经济快速发展。农产品的蔬菜与水果经济培育类型多样,主要农作物为小麦、青稞、玉米、豌豆、土豆、胡豆,还有莲花白、葱、萝卜,道孚的葱被当地誉为青葱水灵。

畜牧业也是道孚县经济发展的重要组成部分,除前面提到的旅游业、农业,还有畜牧业。整个道孚牧区已实行"人、草、畜"三配套建设,不断调整产业结构,增加优良品种的养殖,提高牲畜的产品出栏率,改善当地牧民的生活与居住条件,达到共同致富的目的。道孚县的牧业主要分布在海拔较高的玉科大草原等地,那里的马品优良;还养殖了高原牦牛(见图1.16)、藏羊、绵羊、黄牛等物种,它们是道孚县牧业生产的主要经济来源。各种产业发展为该县的经济繁荣、老百姓生活水平的提高、房屋建设与改造创造了必备的经济、物质条件。

图1.16 道孚养殖的牦牛

三大支柱产业促进了特色突出的道孚崩科建筑的发展,体现了道孚人的民族风情和建筑艺术水平。通过道孚崩科建筑可以了解该地区的建造技术与构筑方式,同时道孚崩科建筑也是发展观光经济的重要媒介之一。

第 2 章 道孚崩科聚落

2.1 道孚崩科聚落组成原因

藏族地区的先人既要抵抗大自然野兽的袭击,又要躲避恶劣环境气候的影响。一般因社会族群关系,他们跟随牧业迁移,慢慢形成了聚落的村寨组合形式。从属藏族的道孚人也适应着这种规律,他们聚居构成了今天人们所见到的道孚崩科聚落形式。秦代以前,道孚人过着部落的集体生活,共同捕猎劳作,形成原始聚落,类似于四川省甘孜藏族自治州的丹巴县中路聚落遗址和西藏自治区昌都县的卡若遗址(见图 2.1),聚落内空间分工明确,组织有序。在汉朝时期,该地就有了建制。由于靠近汉族地区,唐代藏族人就同巴蜀人进行着贸易往来,并在此形成了小规模的城镇。根据历史考证,宋、元、明时期的茶马互市促进了城镇经济发展。清末民初,县政府在今鲜水镇地域内建治所,开始不断聚居着来自各地的人们,有汉族、满族、回族、蒙古族等,不同的民族相互融合,共同构成同心同向的聚落景象。这些聚落起初只是单纯的族源关系,因生存围

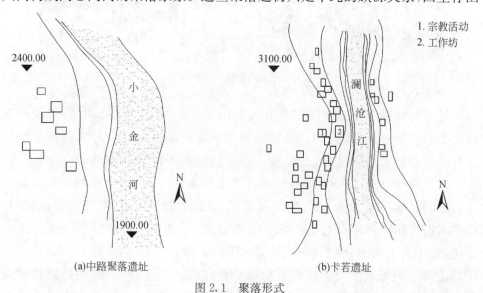

(a)中路聚落遗址　　　　　　　(b)卡若遗址

图 2.1　聚落形式

合聚集在一起,不同族群混居较少,呈互相排斥、防备的状态(见图2.2),但是随着人们的世代密切交流和接触,不同民族在共同利益的趋同下出现了相互往来和帮助的结果,以致后来由单一的族群转化成民族混居的形式,各个民族之间不再分彼此,而是融合成统一的大家庭。他们在文化与技术上相互学习,取长补短,因社会生活、建筑营造、文化经济把人们紧紧连接在一起,从而族与族之间的界限模糊,甚至淡化,致使各民族的建筑也相互学习,打破向心性的族源聚落空间形式,扩展至条形或带形的聚落形态。以前围合式的交通线路,最后发展成为开放贯通的直线式道路,使得城镇出现繁华景象;经济的发展,人们相聚相往,构成了现在道孚地区开放式的村寨和直线式的城镇聚落结构形成。

图 2.2 道孚聚落的预防状态

另有一些驿道也是聚落发展壮大的因素。《方国瑜文集》的"略说战国至汉初的西南部社会"中提到:"开通这条蜀身毒道,经过西南地区,是在这个地区有一定的社会条件建立起来的,而且是在这地区的民居开发的……这条线是人走出来的,而且是在一定的社会条件下走出来的"[10]。走出来的路是联系各地居民的纽带,他们相互交流的时间长了,就成为驿道的基础。何谓驿道?是指中国古代陆地交通的主要道路,设立的驿道、驿站属于行政、军事、邮传综合设施,传递官方文书、朝廷政令、军事情报、军令,传输官员、犯人、军用物资、民邮信件……而道孚城镇聚落最初恰恰是在政府设置驿道、驿站后陆续建立起来的。历史上巴蜀先人进入西康北部,就有了大道驿站,那里存在着5个城镇,它们分别是康定、道孚、炉霍、甘孜和德格。这些城镇都是在驿道发展之初就存在着的原始聚落,它们随着驿道交通人数的增多,贸易商业发展的影响,逐渐从原始聚落发展成驿道聚落,并由此慢慢地形成了城镇。道孚崩科聚落起源于早期的贸易和商业交往,再因驿站而发展,以后往来人口增多,初步形成沿路而建的条形聚落。这些条形聚落也是基于经济形态、生态环境、社会文化等因素共同推进聚落的固化结果。

在地形、地貌方面,道孚属于半农半牧生产活动地区,聚居而存的生活场所,当地人仅在牧草不良的地方定居和种植农作物,如果牧草较好,他们就以牧业为主,选取帐篷聚居而息,然而这种聚落方式只存在于道孚的玉科草原和塔谷草原(见图2.3)。它们聚居规模小,是满足游牧生产需要而定居的聚落形式,一般在三五户人之间组合,是短时间的聚居,常呈现零散无序的布局,无条形和圆形的状况。

图2.3 零散的帐篷布局

为了防御强盗和抵御外来的伤害,一些地形复杂的道孚崩科聚落中,都会避开山势陡峭的地方,尽量选择缓坡处,在无冲沟、泥石流塌方的地点,向阳建房形成聚落。在面临河源之处,朝向一般都向南面,也有个别受地貌、地形限制而朝东面布局的,它们顺坡度的等高线逐层而建,与曲折的道路紧紧连接在一起,形成的聚落相对统一、协调,朝向一致、层层错落、相应生趣(见图2.4),呈带形聚落而存在。如果地势平缓且条件好的城镇,还会沿着平地纵横方向建造,它们会随着朝向整齐布置,如道孚县县治所在地鲜水镇那样——呈块状和片状聚落的民居表现。归纳起来,崩科建筑群完全是联排布局的形式,这也是

图 2.4 沿路而建的道孚崩科聚落

藏族民居聚落布局的类型之一(见图 2.5)。联排布局式是指每栋民居建筑横向毗邻布置(一般均是东面和南面方向延伸,争取获得最多的阳光,保证晚上室内的取暖),单体建筑常呈线形,密集展开,常见于地势平缓的地形上面,如道孚县雀八村聚落的构成,就是因为该村坐落于村西河流交会处的冲积平原上,村落大约十户人家,呈现联排布局形式,组成群落关系,各家的主门都朝向南面,整齐划一,聚落周围设置庙宇。另一种形式是前面提到的农牧区民居的聚落形式,高山陡峻的地势上出现崩科聚落,它们受地势条件影响,只能无序、无规律地布置,称为散点形式(简称散点式)。这种形式仅仅依据避风向阳,生活安全,顺地势而造,具有相互渗透、交织一起的零散效果。而散点式中道孚县甲拔寺周围的崩科聚落,因为该村落坐落在寺院旁边,又位于山势平缓的坡地上,其间具有肥沃的农田,于是村屋就依照地形散落建造,形成的聚落也是无规律、零碎的组合形式,但它们保留了统一向阳的布局优点。

鲜水镇是道孚崩科建筑的典型之地,其聚落形成主要受历史驿道的驿站、地理条件、农业生产和经济贸易,还有水域、社会形势等影响决定。它既有块形和片形布局,又有排列式和散点式的组合情形,表现出该镇域多种聚落融合与组合的综合性特点(见图 2.6)。

图2.5 道孚聚落的联排布局形式

图2.6 鲜水镇的道孚崩科建筑

2.2 道孚崩科聚落演变概述

道孚民居的聚落在演变过程中,崩科聚落是比较有特色的,其形成源于鲜水河充沛的水资源。雅砻江支流的几条大河冲积出肥沃的土壤,湿润的气候孕育着丰富的植被,森林茂密,树木种类多样,森林覆盖率较高,这为当地的建筑修造提供了充足的木料(见图2.7),高大的乔木成为早期崩科建筑的主要木料。

图 2.7 茂密的森林景观

藏族传统民居的聚居形式主要分为三种:第一种是根据地理环境的选址聚居,又称为自然资源聚居形式,它是依赖地形地貌条件的适宜性、充沛的水源、平缓的地势、安全的自然环境、肥沃的土地、较温和的气候与无地质灾害等条件的一种聚居形式;第二种是族源聚居形式,按照民族的集合力聚居在一起建房生活,道孚地区民族众多,早已形成了单一民族聚居的方式和多民族混居的聚落形式;第三种是以信仰和宗教为主的聚居形式,称为信仰聚居形式,在藏族地区几乎全民信仰藏传佛教,所以他们均围绕信仰主体而建设房屋,民族混杂聚集,构成这类聚居形式。这正如日本建筑学者藤井明的《聚落探访》著作中写道:"在传统聚落中,共同体的纽带是在'事物'的配置、排列、规模、装饰、形态等方面被表现出来的。制度、信仰、宇宙观等在本质上是属于不可视的领域范围,通过作为'事物'被表现出来,并被转换成可视的世界……作为'事物'进行形象化。"[11] 书中还强调了"在世界上不存在有两座相同的聚落。所有的聚落都是独特的,其空间也是独创的。[11]"相信每个民族、部族都拥有各自固有的空间概念。聚落形式如何诠释它所处的自然环境,聚落设计者如何巧妙地利用空间概念去构筑环境等,对于所有这些解读和设计者的构思都会流露在地表的真实平面图上。

道孚鲜水镇地理条件极好,它位于鲜水河谷的宽阔平缓地区,河流水缓,地域开阔,历史上这里就是汉商与当地藏族人交流贸易的门户,又是重要的"茶马古道"必经之地,所以较早就有驿站和商户,民居的形成以带形或线形的聚落形式出现,同时又因该地民族不断增多,起初各个民族之间相互防备,无往来,聚落还呈散点式的形态布局。同一个民族间聚居而作,构成了许多以民族为中心的村寨,后来就逐渐发展成为多个民族聚居的村落和集市,现在八美镇的曲儿村就是由藏族、回族和汉族聚居构成的村寨。道孚崩科聚落少则几户,多则几十户,村民的房屋朝向多为东向、南向和西南向(见图 2.8)。开始时,道孚崩科

图 2.8　道孚民居建筑朝向

聚落是由防御、族源和血缘等关系构成,当地人住在高山和峡谷中,因商业往来,少量居民就搬移到道孚镇上的街道两侧,沿路建设呈带状,后来随着人口的不断增加就演变成块状,形成今天所见的聚落形式。道孚民居依山而造,因地制宜,在环境和日照条件满足的情况下,几乎家家户户都紧邻修建,成为密集的群落和大寨。如鲜水镇的综合性聚落,就是以寺庙为中心,村寨上的建筑聚集在一起,围绕着灵雀寺布局,呈均匀分布,规模较大,人口众多。镇上的聚落平面往往由单栋的建筑平面构成,单栋平面又分为庭院和房屋平面,还有围护物所占有的平面,由它们共同组成。围护物多为植物篱笆,以及低矮的石墙和夯土墙,形式上有封闭和半封闭情况。由于当地人们的经济状况好了,道孚民居的围墙也由低矮变成了高大,且使用与房屋同样的装饰手法,上面绘制海螺等吉祥图案(见图2.9),有些房主经济条件稍差,屋前就不带庭院,这种平面形式渐渐成了独立式,周围无任何围护物,显得建筑平面简洁明了。一般城镇里的住宅就属于这种形式,它比较适合城镇人口数量多、居住密度大的地方,鲜水镇就是这样的由单栋平面组合而成的聚落景象。

图2.9 墙上绘制的海螺图案

道孚早在公元前就已有先民在此繁衍生息,那时候他们主要居住在矩形

(或准圆形)的棚屋中,这种房屋是卡若文化遗址留存下来的半穴半地上建筑。其做法是取粗细相似、长短相近的树干,沿平面外形插入地面,树干上端交叉,交叉点用树条和动物皮毛捆绑而成,形成一榀构架,造成一字脊(见图2.10),而两边的其他树干又向一字脊靠拢呈现棚屋的基本形状。这种棚屋根据族源与血缘的关系,呈散点式聚集,具有"大分散,小聚居"的特征。根据道孚县的发展历史及考古学,认为四川省甘孜藏族自治州和西藏自治区昌都地区、云南迪庆州、青海玉树等均属于同一地域的文化带,即今天所谓的康区,这个区域又分为早、中、晚三个时期,其中晚期出现的建筑遗址和聚落形态基本上被推断是今天藏族民居的雏形。

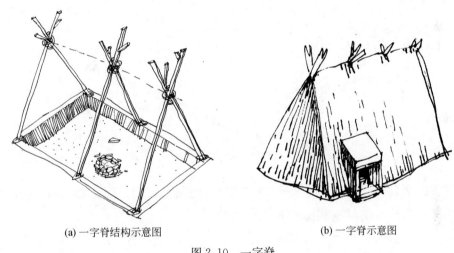

(a) 一字脊结构示意图　　　　　　(b) 一字脊示意图

图 2.10　一字脊

春秋时期,羌人西迁,族人众多,历史上将该区域称为西羌或西南夷,到隋代是附属国,该域的建筑形态根据自然环境和文化、技术的需要逐渐演变成木墙平房,地面四周以圆木或方木上下层层叠压,两端四角处凹榫相扣,十字形咬接,使四面成整体木墙(见图2.11),而后根据采光需要,墙上挖洞做窗,再以细泥或麦壳皮掺和粗泥、水、牦牛粪填充木缝,起到保温和隔音,让建筑耐磨持久的作用。此时期聚落形态依然保持不变,以防御和族源关系为重点,再依据环境呈点状集中聚居。公元7世纪的吐蕃王朝时期,道孚之地被归并,大量吐蕃及其他民族人口迁移至此,使得该地人数增多,聚落数量增加,其界线扩延,有些聚落边界延伸成带形,有些成为块形,还有些呈现散点形式。这一时期道孚初受佛教传入的影响,仅在领主(奴隶主)阶层中传习信奉,佛教还未在道孚民众(奴隶)中传播,远未达到佛教后弘时期(公元11～13世纪)吐蕃地区全民崇

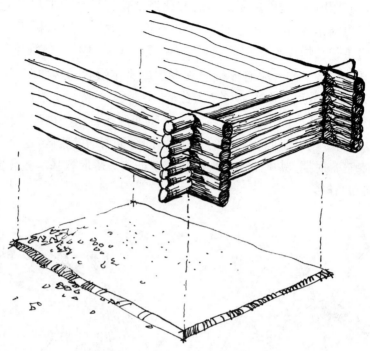

图 2.11　两端凹榫相扣成整体木墙

尚佛教的情景,这就是吐蕃(公元 7～9 世纪)的前弘时期。因此,本时段道孚聚落的形式仍然沿用早期族源和血缘聚居的形貌。

　　道孚聚居根据地理位置不同,又分为山谷河岸形、山腰缓坡形和山间台地形而栖的聚落类型,这些类型在宋、元朝代逐渐出现,并散落在道孚多个地方,形成了现有道孚各乡镇的原型。到明代,道孚行政属长河西鱼通宁远宣慰司,这个历史时期道孚的聚落和建筑形式以及材料一直未变,继续着吐蕃时期遗留下的聚居形貌。

　　至清朝,道孚境内由明正、丹东、麻书、孔撒四位土司分管治理后,该时期道孚的人口不断增加,一些知名的镇出现。如鲜水镇,据《道孚县志》记载,道孚鲜水镇在明末清初称谓"甲居仲巴"[3],意思是当地住户有 80 余户人家,他们分布在鲜水河东北处,房屋散乱,并且设有街巷,被当地住户统称为"介柯娃、介乌娃、幺女娃"[3]。与此同时,人们的聚集形态出现了较大的变化。首先大部分民居形态都以宗教信仰为前提聚集而建(见图 2.12)。据说在清代康熙年间,道孚灵雀寺周围住户不断增加,信徒们均迁移到该寺附近居住,形成以灵雀寺为中心的宗教聚落形态。由于吐蕃社会的各种原因,佛教一度出现了低谷期。公

图 2.12 宗教信仰的建筑形态

元 11～13 世纪藏族地区被称为后弘期,藏传佛教再度发展成为藏族信仰的主体宗教,并传播、弘扬,形成了全民信教的高原民族特征。他们为了宗教信仰,自然由早期的族源和血缘关系构成的聚落形式,开始演变为明清及中华民国时期的宗教聚落形态,即环绕型。所谓环绕型,就是指围绕寺庙周围建设的房屋。环绕型又分为山上环绕型和山下环绕型。山上环绕型是沿山坡竖向的地形方式布局,即在有寺庙的山上建村寨,这种类型现在已经很少了,主要是人们生活不太方便,许多聚落中的村民已搬迁到山下居住。山下环绕型是在地势位于寺庙的山下而建的一种聚落形式,建筑主要是平屋顶的楼房形式,用土、石和木墙建造的楼房。道孚崩科建筑的主要造型是"屋皆平顶",也有少量的坡屋顶造型,该坡屋顶仍然保持着卡若文化时期的屋顶形状。因此有专家称,先秦时期或更早的原始社会时期,藏族的祖先就已经会修筑类似于今天所见的藏式建筑(见图 2.13),如今人们所见到的道孚崩科建筑,只是藏族历史发展中材料、构造和工艺进一步提升的表现。

1912 年鲜水镇建立了县衙,其形式为汉式建筑,汉族商人数量逐步增多,他们陆续修建了许多住房和商业店铺,形成以县衙为中心和街道为轴线的聚落形式,藏语称为"乌格"和"卡格",意思是下街和上街。然而,宗教信仰的布局在村寨形式中依然保留,常常围绕聚落旁的藏传佛教寺庙或佛塔修建,这种做法在道孚或其他藏族地区都有遵循和延续。随后建筑形式发生了局部变化,坡屋顶建筑不断增加,平屋顶建筑形式开始弱化,突起的坡顶起到排雨水的作用,木

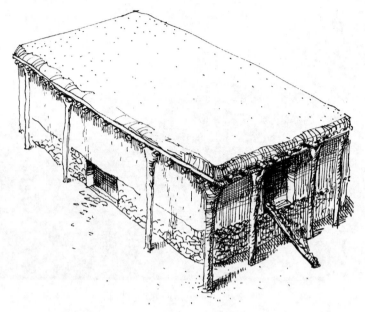

图 2.13　藏族先民修建的藏式平顶建筑

板衔接之处逐渐采用石头压顶的方式,起到固定作用,两坡屋面之间没有屋脊,相互断开,呈上下错位搭建,屋顶内由两交叉的斜柱支撑各自的大梁,其梁上屋面不连接,中间留有缝隙,起到走气排烟通道的作用(见图 2.14)。这个时期鲜水镇上的聚落形式明显被分成了两类:一类是以宗教信仰为主的聚落形态,不分族源和血缘关系,代表实例是以灵雀寺为核心的点状聚落;另一类是以繁华商业为中心呈带状的街道聚落,该类型在藏族城镇聚落中表现较盛。总的说来,宗教为主是典型的藏式聚落形式,以建筑围绕寺庙及附属物沿山坡布局,相互之间紧贴,密度大,十分紧凑,在山地情景中呈现前面房屋的屋顶作为后面房屋的平台之效,非常富有特色,而城镇街区内房屋连贯,随着商业的发展不断横向扩建。

1955 年,道孚隶属于四川省甘孜藏族自治州管辖,此时期是道孚崩科建筑发展的重要阶段。这里人口增加,商业繁荣,人民安居乐业,宗教信仰自由,致使道孚当地接受了更多的先进文化,学习现代的建造技术,发展当地的工业、农业、商业等行业。与此同时,商贸区域逐渐由线形扩散呈片区,聚落的封闭形式被打破,大家不分彼此,形成以经济发展和科学居住体系为中心的城乡规划模式,使得道孚人走出了传统狭隘的族源为主的聚落观念,出现思想开放的居住区和聚落形式,但是在传统偏僻的部分乡村,那里依然还保留着宗教为主体的聚落居住形态。然而,通过对道孚村寨的调研发现,现在少有这种以宗教为主的聚落形式了。由于交通、生活、工作和自然灾害等因素,许多当地人已慢慢逃

第 2 章 道孚崩科聚落

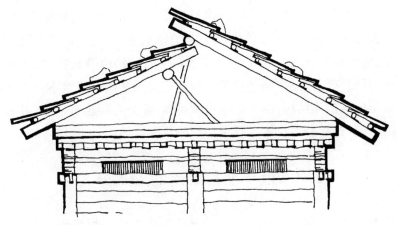

图 2.14 屋面上下错位搭建成走气排烟通道

离这种封闭的聚落空间模式,走出村寨进入城镇;也有些人在山下平缓的台地和公路两侧新建家园,过着幸福安全的生活。

道孚地处三大断裂带之一的鲜水河断裂带上,据考证它是地质活动强烈的地带,且是地震灾害频发地区,1736～1990年的 255 年间,该县域发生破坏性地震大概 21 次,震级强度都在 6 级左右。于是,国家和当地政府实施了搬移平原工程的项目,在安全的地方另建房屋和家园(见图 2.15),同时对传统建筑进行优化,增强它们的抗震性和安全性,并加以推广,逐渐形成今天从外观到内部

图 2.15 道孚新家园的景象

结构都较为坚固和统一的道孚崩科建筑形式。它们的外貌如建筑中的"井干式",但内部骨架却是梁柱的框架结构,是用插入柱子中的木墙来掩饰它的内在结构本质,因此常常让人们误认为是圆形树干的端部节节相扣,叠压而成的井干式建筑,其实它仍然是框架结构的木质建筑。道孚崩科建筑本质上是木柱与叠梁构架形成的框架结构,由土石砌筑围护墙,部分石墙也有承重作用,如北面和西面的石墙,这部分将在第3章中详细分析和论述。

2.3 道孚崩科聚落的形式分类

道孚崩科聚落形成的历史较长,发展种类也多样。根据历史演变,以及地形、气候、人文的影响,道孚地域产生了不同的聚落类型,前面已系统地论述了本节部分内容。本节将对聚落的构成原因分类进行详述,从而展现道孚崩科建筑的聚落类型。

第一种分类形式是按照聚落类型进化的时间长短、民族结构、血缘关系、地势地貌、自然气候和物质资源等条件进行分类,致使当地人的单体房屋建设与布局有了千变万化的形式。有疏散的布局方式,还有紧凑密集的建设形式,从而导致道孚崩科聚落的层次分明、错落有致,甚至产生了自然有机的组合形态,呈现出奇妙的布局景象。通过对整个道孚县乃至四川省藏区民居的调研工作,笔者总结出一些体会:西南少数民族中的藏族民居都有相似的建筑布局,那就是随地形而建,自然生长,人造景物与环境有机结合,体现出尊重大自然的思想观念;建筑处处就地取材,其布局形成块状、条状、线状和散点状,完全根据地形的走势综合营建;这些聚落形式可以分为三种:山谷河岸形、山腰缓坡形和山间台地形(见图2.16)。这三种形式主要由向心类、台地类、扩散类和线状类构成,这种划分较适合四川省藏族地区、羌族地区或其他少数民族地区,而对于平原和丘陵地区,则不一定吻合。同时,道孚崩科的聚落形式也适合上述聚落形式划分,这是因为道孚县域的地形复杂,那里有险峻的高山和部分平原,还有缓坡等形式。所以道孚的聚落形式多样,它们的划分可以适应四川省其他少数民族地区所用。

第二种分类形式是按照疏密和规则的关系进行分类。一般按照现代有计划、有疏密的方式,有规则的规划聚落形式。其形式疏密得当,呈现几何形的平面布局,如方形、扇形等。建筑之间整齐的横向连接并与纵向建筑构成聚落的围护体。聚落所占用地分出了建筑用地、建筑围合的景观用地、交通用地等类型,符合了现代人们的生活需要与空间尺度要求,更是现代规则和疏密的聚落

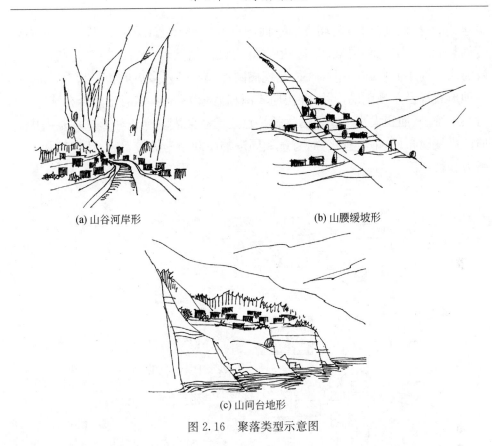

(a) 山谷河岸形　　　(b) 山腰缓坡形

(c) 山间台地形

图 2.16　聚落类型示意图

空间表现形式。但这种分类形式受功能、地形和地质条件影响较大，往往在山地的村寨规划上很少采用，主要用在当地的平地或山间台地上。因此第二种聚落形式是现代分类的。

第一种聚落形式的分类在行业内较普遍，下面依据道孚地区的地形条件，将其划分成如下几种聚落类型进行分析。

2.3.1　向心类

在道孚崩科聚落形式中，向心类是最传统、体现最多、影响最大的一种形式。据不完全统计，在四川省西南少数民族地区，几乎原始的聚落源自向心类的平面，层层布置修建。如果按照道孚崩科民居的聚落演变简史评析，这正是因为早期族源和血缘的关系而建立的一种内敛与防护的形式，后来由于宗教信仰的增强和民族意识一致化的产生，才逐步开始有了围绕宗教建筑兴建房屋的势头，致使向心类的聚落形式产生。向心类主要指民居围绕某一特定构筑物或特定象征物聚集建造的房群。它们呈现环绕的平面图形和空间形态(见图 2.17),如围绕藏传佛教寺庙、佛塔、玛尼堆、图腾、植物等建设。当然现代向心类以公共建筑或政府大楼为中心修建。平面往往呈现椭圆形、准环形、多边形和⊃形等,几乎每一种形式都是不规则的形状,并按照族源和血缘关系,不定时地组合构成,具有时间不统一、面积大小不一致的生长特点。向心类表现出各种形式均是沿中心向四周发射布局,中心感极强,有统领周围物质和精神的号召力,还有较强的吸引力和秩序感。

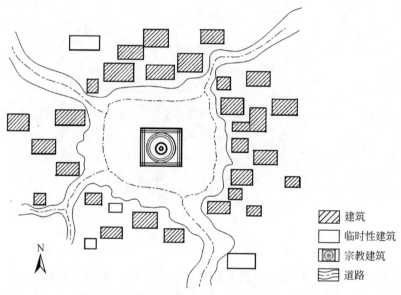

图 2.17　围绕佛塔的向心类聚落平面示意图

在聚落类型中,山谷河岸形是指当地人们在确定房址时,尽量靠近河岸的平坝或山谷带,要求建房背山面水,朝东、朝南方向,争取更多的日照和光线,让人们生活得舒适健康。这种类型的道孚崩科建筑大部分是沿鲜水河两岸布局,在平坝处依照寺院或佛塔呈不规则环形、椭圆形和四方形等方式建造,构成了道孚的子龙村、扎日村、鲁都村等村寨聚落形式。这些村寨的共同特点有:首先,地点位于鲜水河的南北两岸平坝上,朝向南面布局,每个村都呈向心聚集;其次,空间有密有疏,村寨形成时间长,人口众多,子龙村有 220 余人,扎日村已超过了 220 人,而鲁都村也是人口较密集的村寨;最后,它们均围绕着村里的藏传佛教器物建设,具有层次分明、中心突出的特点。例如,子龙村的整个村寨形成于明代,村寨刚建设时就开始根据玛尼堆层层向外扩建,随着信徒的增加,那里的道孚崩科建筑数量越来越多,经过几个世纪的发展后,才形成今天人们所见到的向心类的山谷河岸形——椭圆聚居形式。

2.3.2 台地类

台地类指在西南少数民族地区因群山环绕的平坝里,建有当地民居的村寨聚落,其内有河水和溪水流过,致使平坝上土质肥沃,小气候适宜。这种因山间有台地,又称为山间台地类(见图2.18)。该类型受地理环境的限制,或大或小。有大到可容纳一个大型村寨或者是几个小村寨聚集构成的大村落,它们共同形成台地聚落形式。大村寨一般有30~50户人家,而小村寨在10户人家左右,这类山间台地形聚落几乎都是向心性的。它们形成时间较早,族源关系根深蒂固,左邻右舍常为家族聚居的血缘关系,凝聚力相当强。同时,聚落中的人们讲究尊礼守信,非常传统,保持着较好的自然风光和人文景观,以及干净清凉的水源。例如,位于道孚县城边上公路北面的前进村,全村人口130人左右,聚落呈台地形式,整个村寨的房屋紧紧围绕在乡政府周围建造,这是当地典型围绕政府大楼兴起的向心形台地聚落类型,村子是现代聚居而成的,处于两山峦之间的台地上,其南面有一条由西向东流过的鲜水河,河水提供了全村人的生活与农业生产用水(见图2.19),村寨平面是环形和方形结合而成的,远看十分具有层次感。

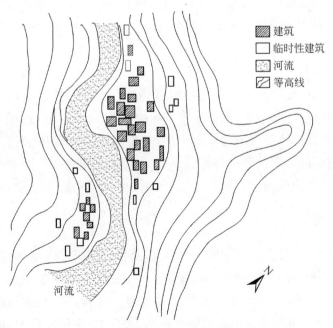

图2.18 群山环绕的台地类平面示意图

图 2.19　鲜水河与山峦形成的台地聚落

还有一种建在山腰平坦地上的村寨,它离城市和乡村公路较远,人们要想进入村寨,必须经过 Z 形的坡路才能顺利到达,这种村落被称为山腰台地形。它比山间台地形建造隐蔽,一般通过肉眼很难看到,这是传统藏族先民择地建村的古老方式,既有防卫又有自我保护的秘密性,表现出隐蔽的特征。到了今天,这种传统的山腰台地形布局方式聚落已越来越少,并且逐渐被交通便捷、安全舒适、整齐有序的山间或平坦地形的住宅所替代。山腰台地形受地势条件的限制,很少有整齐的环形住宅空间,它们基本上依赖当地的地形条件,沿建筑场地等高线由低向高,由中心向四周慢慢扩散,直到无法建宅,如果建筑没有完成,那么崩科房屋就需要再另辟山地继续建造。这种形式的人口一般在 30 人左右,户数 10 户人家左右。根据道孚历史的发展与演变,现在有些村寨已从向心形蜕变成直线形或扩散形的聚落类型,其平面呈现方形和○形,还有不规则的图形等,它们随竖向地形的等高线营建,远观这些聚落,其造成层层叠叠、错落有致的人造景观效果。

2.3.3　扩散类

扩散类是道孚聚落居住的又一种形式,此种聚落形式一般都建于向阳面的山坡上或山腰缓坡上,其与向心类的聚集走向恰恰相反。前面所述向心类是四周向中心集中,有中心和重点,是一种聚集的引力。而本节论述的扩散类是力向外的表现,是以阳光和环境为中心的建设布局,表现出:建筑间距大,布局松散,每户之间预留的空间均种植蔬菜和水果,建筑随地形的起伏变动而灵活布局。该聚落类型民居的最大特点就是每户建筑朝向一致，相对孤立，户与户之间除了庄稼分隔外，就仅凭通向各户入口的大小道路连接，形成村寨内部的主次交通网络，这种村寨的住户常常体现出经济条件和地势条件好的优点（见图2.20）。于是村中道路修得较宽，通常能容纳机动车顺利通过，但经济不好的村寨只能是宽为0.4～0.5m的人行小路了，而且这些路还兼有分流的作用，可以联系周围的住户和田地。扩散类是由特殊的地理局限性而形成的，因此，顾名思义为各方向自由扩建并逐步产生向外的一种形态空间和组合特征。

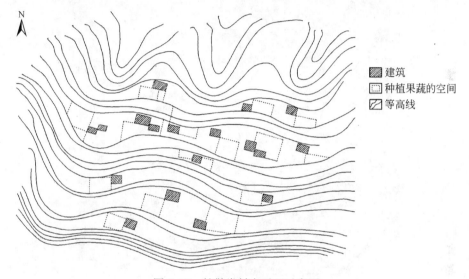

图2.20 扩散类村寨平面示意图

这种特征的聚落形态在四川省藏族地区非常普遍。例如，丹巴县的甲居藏寨就属于此种扩散类的聚落类型（见图2.21），甲居藏寨被称为中国最美的乡村之一，整个村寨形成时间较早，规模大，主要民族是嘉绒藏族，据考证，该民族是古羌人与藏族人结合后逐渐归化为藏族，其后他们的信仰和服饰、饮食等习惯几乎相同，但语言还是有所区别。甲居藏寨位于向阳的缓坡上，整个寨子里的民居统一面向东方，而门户面朝南面，每一家单体具有石碉楼的特征，3～6户为一个组团，有血缘关系，他们成组地散落在各个高低的缓坡上，由主次不同的道路连接，自然不规则的路径穿梭在整个甲居村落内，连接着三个村寨和村中的每户人家。而道孚地域内这种村落也非常多，格西乡的月西村是一个户数较多的聚落村，整个村子里人数超过了部分地势平坦的村寨。它位于鲜水河北面的山腰上，地势条件与甲居藏寨极为相似，村寨崩科民居的布局形式也近同甲居藏寨，采用了扩散类的山腰缓坡形构建。

图 2.21 甲居藏寨的扩散类聚落形式

　　山腰缓坡形与山腰台地形有某些相似性。首先,它们都是建在山地上,前者建于山坡上,位置较高;而后者较低,在山腰的平坝上修建。两者相比,一个比较险峻而另一个比较安全,并且位置高的隐蔽性也差。其次,山腰缓坡形位于地势较缓而向阳面的山坡或山顶上,背部有大山作为屏障,阻隔寒风而保暖,且村寨组合并非向心式,反而是随坡地呈扩散的疏松聚集;山腰台地形对周围环境的要求不如前者高,然而它依然需要面向阳光,但背面不一定有高山,村子里的向心性极强,常随平坝或台地紧密聚居。最后,两者的相似点集中体现在,都离主要的公共道路较远,进入村寨时必须经过复杂而弯曲的S形和Z形坡路到达其内(见图2.22)。同时,两种村寨坐落的位置都在山上,由茂密的树林和山石遮挡,十分隐蔽,突出了这些类型的防御特点,因此,山腰缓坡形主要是指村寨建于地势平缓的坡地上,山下有江河流过,南面为开阔的河谷或山谷,它们向阳而建,远离城镇间的主要道路,具有良好的封闭性和自我保护特点,常以S形和Z形爬坡道路通向村寨。寨子空间形态呈稀疏的扩散性,依势而造,房子之间有大量的耕地和小径,地势极高,一般海拔均在3500m之上,山顶终年积雪。

图2.22　甲居藏寨的S形和Z形坡路

这类型的聚落归纳起来常分为条状和散点形式,或两者交叉运用,被称为综合式。条状形式指道孚崩科建筑在扩散类的山腰缓坡形聚落中,村寨整体布局呈狭窄的长条形,自然延长和消失,其间形状虽有间断性的脱节或断裂,但总是统一在整个村寨的主次关系里。例如,道孚县的呷拉村,它位于鲜水河北岸的山坡上,整个村落沿地势起伏较大的等高线由东向西布局,山下是303省道通向甘孜藏族自治州的炉霍县,再到西藏自治区的辖地。该村隶属于孔色乡,村寨南面向阳,北靠群山,十分险要,从山下省道经大寨村缓慢地沿Z形县路爬上山坡来到村寨,并穿过寨子进入山顶和其他山中的村子,其路距较长,略有些危险。而呷拉村根据地形正好沿着道路呈长条状的山脊建设,形成村与道路融合一体的规划建设结果。

扩散类除了长条形外,还有散点式。散点式一般指村寨里的民居呈分散布局和无规律的表现,极少有中心聚集感。这种类型出现时间短,多是因为平日购物和出售商品而形成的居住形式,其位置灵活多变,既可在平坦地上建造,也可在丘陵地和台地上建造,以道路和光照、田地为线;是一种无规则随机分布的聚落形式(见图2.23),有的又称这种形式为网络式,其规模大,户数却不多,都是零散而星星点点地坐落在山坡纵横交错之处,随狭小的地形变动。道孚县扎日村和冷冷村的根机、吉树两个小组,就完全是散点式的布局形式。两个小组的人口少,大约30人,10户人家,零散地置于台地与山坡上,疏密相间,十分美观。其间各种小径与S形道路连接,直接通向每户门前,非常方便。该类形式的道路相互交错,如鲜水河东南面的西村、上亚村和铜佛村均是这种聚落形式的展现。

图2.23　自由分布的散点聚落形式

2.3.4　线状类

线状类具体表现形式分为折线形与曲线形,通常受道路条件的制约而建设,依据路势和位置的一侧或两侧规划建设(见图2.24)。它起源早,发展快,尤其在当代市场经济条件下更是新聚落、新农村建设的范式。传统的线状类依据河流和山谷营造房屋,房屋的户数少,组合形式简单。线状类在道孚及四川省藏族地区运用广,主要体现在山谷河岸带(形)、山腰缓坡带(形)和山间台地形等地。每种地带上都有线状类存在,它们形式丰富,生活交通便利,是山区少数民族惯用的一种聚落类型。

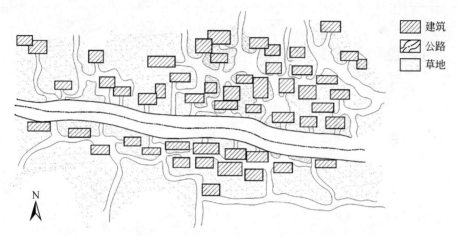

图 2.24 沿曲线道路两侧规划的线状类聚落

线状类聚落均随地势和河渠方向线性布局,呈折线状和曲线状,有一定的生长延伸趋势。折线状是由两条以上的直线弯折而成的线形,崩科建筑沿折线形布置,常常随道路而修建,沿着高山地势弯折;而曲线状完全按照地面上的河流和山谷间隙留下的痕迹建设房屋,称为曲线聚落。其要求光照强,朝向好,空间层次清晰,有较强的结构性和逻辑性,房屋之间无庄稼和其他散点式的布局内容,同时村寨中的公共建筑和崩科建筑都会聚集在道路与河岸的两侧,布局较为规整、单一,房屋与道路又直接联系,于是这种道路不作为交通主干道使用,平日里主要作为商品贸易的农贸市场和居民交流的公共活动场所。线状类发展到一定的时候,再受到地形的约束,就会出现与村落主干道分支的情况,从而产生了广字形、人字形、Y 字形和十字形等道路形式(见图 2.25)。葛卡乡的各卡村就是沿道路建立起来的折线形聚落,而建于省道 303 路旁的足湾村、东门一村等又是十字形的聚落,它们均为建于山谷河岸上的线状类村寨,山腰缓坡带常出现曲线形式的崩科民居村寨,如上亚村和功龙村等。道孚县域内聚落形式非常多样,这应该都是受当地的地势条件影响而产生的,这也体现了道孚人的聪明才智。

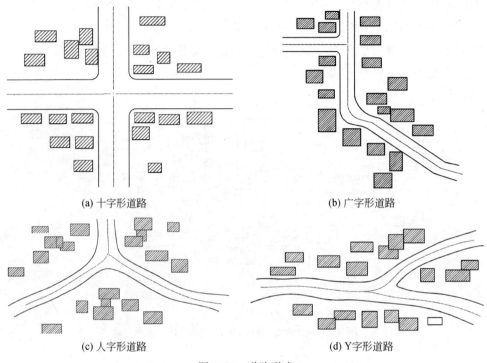

(a) 十字形道路　　(b) 广字形道路

(c) 人字形道路　　(d) Y字形道路

图 2.25　道路形式

2.4　道孚崩科建筑与聚落空间的关系

在西南少数民族多山地区,聚落受山丘地势的影响非常大,它们顺其自然,形成丰富的村寨聚落空间形式,有环形、直线形、丁字形等(见图2.26),前面已经分析过,这里不再论述。然而,这些形式中的聚落空间所产生的形态千变万化,其主要因素是与建筑本身有不可分割的关系,本节将深入分析聚落中的单体崩科建筑,以此了解建筑之间围合出来的村寨内部空间形态,从而知晓道孚地区崩科建筑内外的特征和实质。

道孚崩科建筑的聚落空间形成受到多种因素影响,有建筑本身、地理条件、气候环境、思想文化、生活习俗和建造材料等,而最重要的影响因素是建筑本身。因为建筑是构成聚落空间的基本因子,是围合真实空间的具象实体,它的形状和体量大小、材料构造、色彩纹理、凹凸体型、光影虚实等都是组成聚落空间形态和情境变化的重要内容,于是道孚崩科建筑特有的形式和材质、构架所形成的风格也造就了它们的聚落空间。一般道孚崩科建筑的外部空间即聚落

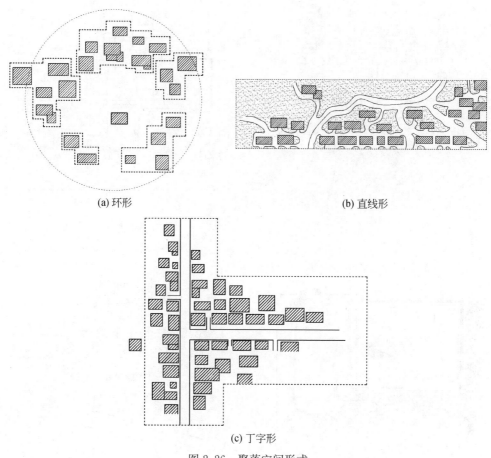

(a) 环形　　(b) 直线形　　(c) 丁字形

图 2.26　聚落空间形式

空间归纳起来共有四种(见图 2.27):第一种是规则的交通空间;第二种是自由的空间,通常是庄稼和果蔬用地的种植空间;第三种是单体建筑前面的场地,是提供活动的庭院空间,其面积大小不定,形状自由,常是主人自己划分、平整的场地,并与庄稼地共用;第四种是公共活动空间,既有交通空间又有产业空间、排污空间(雨水沟、污水槽、垃圾场),或三者功能都兼有的空间。四种聚落空间在不同地势和类型中经常出现,因此上述空间与建筑单体就构成了村寨(聚落)的空间形式。

道孚县域的民居崩科建筑形式方正规矩,其体量大,纵横尺度几乎相等,一般在 20m 左右的长度和宽度范围内,高 6~8m,常为两层。它们体型匀称、比例和谐(见图 2.28)。门户向东和向南,窗多朝南和东面,西面和北面为石墙,少开窗,房屋一层平面常为田字形,由此建筑一层方正、二层变化较大。二层平

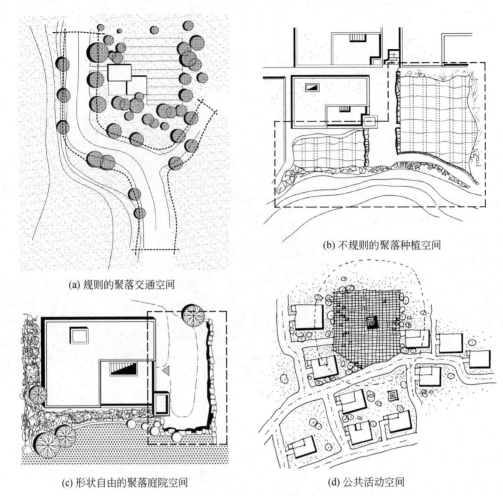

(a) 规则的聚落交通空间　(b) 不规则的聚落种植空间
(c) 形状自由的聚落庭院空间　(d) 公共活动空间

图 2.27　道孚聚落空间

面呈 L 形,其东南的空间被切去一部分变成了阳台(或卫生间),外建突出的卫生间,使得整体建筑不呆板,反而充满活力,这也是道孚崩科建筑最普遍的形态。二层还有凹字形和回字形,这两种平面形式把空出的部位均作为了建筑的晒台或阳台。还有一种形式是一、二层均为 L 形,空间与体量大,是后来改良的道孚崩科建筑。通过对道孚崩科建筑的调研,发现道孚崩科建筑的平面形式常以长方形"▭"和正方形"□"为主,L 形次之(见图 2.29),其他形式较少。如凹字形和复合形,据了解这两种形式均是后来改造和加建老房屋时出现的情形。道孚崩科建筑一般为两层的藏族民居,也有少量只建一层的房屋,这是崩科建筑形态多样性的表现。

图 2.28　道孚崩科建筑体型方正匀称

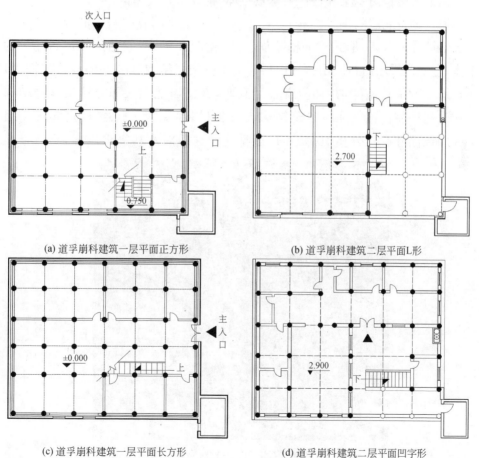

(a) 道孚崩科建筑一层平面正方形　　　　(b) 道孚崩科建筑二层平面L形

(c) 道孚崩科建筑一层平面长方形　　　　(d) 道孚崩科建筑二层平面凹字形

图 2.29　道孚崩科建筑平面形式

2.4.1 聚落空间的道孚崩科建筑造型

道孚崩科建筑体量适中,形体方方正正,高宽比为 1/4～1/3,比例匀称,属于横向型构图,它们沿着聚落形式组合,致使道孚崩科聚落空间比较规整。道孚崩科建筑底层过去用于堆放杂物或饲养牲畜,现在当地人的生活富裕了,伴随着农村不断城镇化,靠近县城的村寨里的藏族人就不再圈养家畜,许多房屋底层就变成客人住的房间和生意铺面。道孚崩科建筑的二层过去和现在都是家人生活的用房,如果建筑有三层,就成为晒台或储藏间,但是这种三层崩科建筑在道孚十分少见,当地通常都修建两层崩科建筑。

道孚崩科建筑的功能主从分明,面积大小有别。道孚地域的崩科建筑分为框架式、准井干式、井干式三种。

框架式是指由木梁和柱作为承重主体,构成框架式结构,采用石块、卵石和当地泥土砌筑底层的围护结构(见图 2.30),二层用剖开的圆木嵌合于木柱中构成围护墙体,这种形式称为框架崩科式(见图 2.31)。它是道孚崩科建筑的主体,它遍及平坝、台地、山腰和山顶。由于框架式结构有较好的承重与韧性,还有厚重的围护墙体,并且两者各司其职,因此当地人大部分选用这种结构形式建造房屋。道孚崩科建筑结构有"墙塌屋不倒"[12]的美誉,这和汉族抬梁式的稳固性有几分相似,只不过道孚崩科建筑对木料需求较多,不如抬梁

图 2.30 石块和卵石砌筑底层墙体

式精巧和省料,所以非常不经济(见图 2.32)。

图 2.31　道孚崩科建筑主体框架结构

　　准井干式是指承重主体而非梁柱,它是依靠木料自下而上叠置成墙体承重,再选取合适的位置开窗洞和门户,木头两端运用榫卯方式与木柱连接固定成墙,并与顶面的檩相接承托屋顶重量。由于四端柱子像现代钢筋混凝土结构的支撑柱,并和圈梁连接固定密排的木墙(见图 2.33),所以这里称为准井干式。真正的井干式按照潘谷西先生主编的《中国建筑史》定义:"木构井干式主要分布在东北、云南等林区。用井干壁体作为承重结构墙,在我国原始社会便使用。汉武帝曾做'井干楼',张衡《西京赋》有'井干叠而百层'的说法……东北及云南等林区所见木垒墙壁的住宅,是民间的一种普通做法,端部开凹榫相叠。但因受木

图 2.32　道孚崩科建筑需求木料较多

图 2.33　四端柱子固定密排的木墙

材长度限制之故,通常面阔和进深较小。"[13]道孚崩科建筑承重虽有木墙,但建筑两端并非十字咬接和凹榫相叠形成结构整体,它完全是依靠木柱连接构成的民居,因此,崩科又被当地人称作"木头架起来的房子",所以这种形式是假井干式,并非真正的"井干"。这里的井干式建筑还有一个特点是受树木长度的影响,它体量小,多为一层建筑单独使用,有时还建在二层屋盖的顶面,成为家里的储藏室、经堂或卧室,这与准井干式建筑或假井干式建筑常为两层建筑是不同的高度特点。

井干式建筑(见图2.34)的结构是一种完整的结构形式,其范围小,历史长,主要用于我国部分林区。道孚崩科建筑是一种用柱子搭建起来的木架房子,其采用的区域少。据调查,道孚崩科建筑主要出现在四川省藏族的小部分聚居地,主要在道孚、炉霍、甘孜、新龙、德格和白玉等县域。就道孚县域现有的井干式来看,能见到的原型主要散落在山坡和山腰地带的聚落中,集中表现在仓库、建筑设施、畜圈和家具上,如粮仓、杂物斗等类。

图2.34 道孚山区护林的井干式房屋

2.4.2 道孚崩科建筑影响聚落空间的因素

道孚聚落空间与建筑紧密相连,受崩科建筑的影响较大。道孚崩科建筑因其规整的平面形式,它近似方形,从而其围合的建筑外部空间也相对整齐。前面已对空间进行了分类,概括出建筑外部空间主要由下面几部分组成:第一,户户相通的道路,是户与村主干道连接的公路;第二,户外的院子,是村民平日玩耍和晒东西的平坝,有些与道路相连,合成一体而用;第三,庄稼地,在宽阔的道孚崩科建筑前后,道孚人会种一些平日吃的蔬菜和水果,这种条件是根据宅前屋后空地的大小决定的,面积大的,不仅可以保留平坝和菜园,还能成为村寨里户户相连的小路;第四,上述三种都能综合产生新的外部空间内容和形式。下面结合道孚崩科建筑的形式分析聚落内部空间的因素。

1. 规则的交通空间因素

道孚崩科建筑整齐均衡,建筑前后常设有宽窄相近的小路,这些小路是村寨里连接每户人家的重要纽带。小路很长,纵横交错,犹如织网,从高处俯瞰密密麻麻(见图2.35)。根据每栋建筑的位置和体量大小,它们限定出来的空间就形成了交通道路,这被称为交通空间,空间有笔直的形态和曲折的形态,往往和建筑密度的大小相关。前面分析过崩科聚落的形式,向心类中的山谷河坝带(类)、台地带(类)等处,由于地势条件好、面积大,房屋都呈规整划一的建设布局,统一东南朝向,采用联排式,构成笔直的形态。道孚村寨的户数多,崩科建筑量大,最终围合成了规则的交通空间。这种交通空间在道孚的各个村寨里非常多,它们宽窄不一,窄的道路不到1m,最宽的道路达到3.95m。总体看来它们的形态基本上还是规整的,是当地人在生活中长时间走出来的道路。

图2.35 规则的道路连接着每户人家

同时，由于空间小，横向窄，其规则的交通空间一般都不种植树木和其他植物，而建筑的散水与道路合二为一。散水是为保护墙基不受雨水侵蚀，在建筑外墙四周将地面做成向外倾斜的坡面，作用是将屋面落下的雨水排至远处或沟中。散水既作路，路又作散水，达到了功能的统一性（见图 2.36）。这种统一的表现，初步判断是建筑用地的条件造成的。如果当地下雨和下雪，或是平日村寨里每家倾倒生活废水时，一般都会通过道路中间一条凹陷 0.2m 的明沟或 0.5m 的暗沟排放，从而起到了疏通村寨污水的作用。这些明沟和暗沟的宽度通常都在 0.3m 左右，四面基本上设有道路，空间规整，以致交通非常便捷，村民出行也方便，特别是在城镇的聚落空间内更是典型的代表。例如，道孚县鲜水镇的崩科聚落，建筑格局方正，外部空间紧凑形成网格状，交通便利，是道孚崩科建筑和聚落的集中体现地点，值得了解。

图 2.36　道孚崩科建筑的散水与道路合二为一

2. 不规则的田园空间

除了道孚崩科建筑四周的交通空间外，还有在聚落空间中呈不规则性的田园空间,这种空间为自由的有机形态,往往表现在扩散类和线状类的聚落空间中。一般有聚落松散,空间大、户数少,建筑密度小,房屋之间距离大,或错开修建,呈分散状的形态特点。从整体看,纵横立体感强,无统一的规划,是见缝插针性的营造,形成了宅前屋后开垦田地的空间模式(见图 2.37)。这种模式一般是在道孚崩科建筑南面划出一定范围的空地,将它开垦成园地种植蔬菜和果树,园地面积约为 $20m^2$,这些菜园地与庭院和门前小路连接,被分隔成自由形的空间,呈不规则形状,它完全是依地面形式而定,偶然性十分明显。也有在道孚崩科建筑山墙的两面开垦荒地种植庄稼,或是在建筑的四周都种植蔬菜的菜园用地情形。如扩散类的山坡处和山腰带的呷拉村,就是这种做法。

图 2.37　宅前屋后的不规则田园空间

不规则的田园空间是聚落空间中常见的一种形式,其领域感强,常有一定的分割关系,是道孚人和西南少数民族地域的符号之一,也是他们劳动智慧的体现。因地制宜,利用一切手段和空间改善他们的生存环境,此种做法是当地人从世代生活里不断修建和完善的结果,其表现在庄稼和田地的大小空间、灵活多变的特征中。它们与规则的道路空间常常结合共用,形成了多重的建筑外部空间,具有分工明确的特点,起到很好的调节作用。

3. 灵活多变的庭院空间

道孚崩科建筑门前常设庭院,建筑平面呈 L 形的就在横向较长一方设置内庭院,作为家庭堆放杂物之用,还可作为家人交流与孩子玩耍的地方,有时候放置一些大型的农用工具及机械等物;另一种庭院是凹字形,它近似方形的道孚崩科建筑,门前布置庭院,有院墙围合,也有宽敞的院坝。当地村民常根据宅院周围环境的形势和宅院的安全性和功能性要求决定采用相应的庭院形式。而L形和凹字形的道孚崩科建筑平面所组成的庭院(见图2.38),一般都有院墙围合遮挡,造成封闭或半封闭的效果,它与建筑连成一片起到安全作用。

图2.38　L形的道孚崩科建筑庭院

道孚崩科建筑前的庭院与建筑散水紧连,中间无排水沟渠,完全同散水结合构成庭院空间,到了庭院的边界处,才会粗略地开挖一条窄而浅的水沟用于平日家庭生活排水。如果与道路相连,当地人就会在庭院与道路的边界线处砌上一道石墙或土墙(见图2.39),墙体可高可低。庭院有时也同草地和庄稼地连接,它们处理的方式和散水相同。道孚崩科建筑中不一定每家每户都有庭院,往往根据各自家庭的需要而建,因此道孚崩科建筑的庭院布局是灵活的,它既可以作为生产活动或与家人锻炼、娱乐的场所,又可以变成室外与室内的衔接空间,还能作为家庭领域的归属空间。庭院尺度可长可短,可直可曲,空间不定,高低层次符合用地的等高线便可,有时又由自然环境和人文环境决定,面积大小不同,大的约40m^2,小的约10m^2,所以它是不规则和规则形式的体现,是自由与约束的反映,具备可有可无、灵活多变的特点。

图 2.39 庭院与道路的边界线处砌上一道石墙

4. 公共活动空间

除了前面以建筑单体为主的外部空间外,在道孚村寨聚落空间内还有一类公共性的活动空间(见图 2.40),这类空间有传统的与现代的空间。传统的如寺庙和坝子,现代的如操场、篮球场和广场等。这些活动空间在每个村寨里不一定全部都设有,但传统空间会出现寺庙或坝子。因为道孚县域的藏族人有集体活动的习俗,还有相关节日的庆祝,如赛马节、耍坝子、安巴节,这些节日到来时,当地人都会成群结队地聚集在一起跳舞、唱歌,共同祈祷未来有更好的生活与丰盛的食物,以及风调雨顺的气候和环境等。他们载歌载舞,尽情表达自己美好的愿望,于是就需要宽敞平整的广场或坝子。但凡当地的传统活动主要集中在聚落的土坝子或石粒铺筑的广场上,当遇到盛大的节日时,村民就要围绕在宗教建筑物——塔或寺庙前进行各种祈愿活动,而来自近邻的村民或参加或围坐观看,以致这些公共空间面积大至 $1000m^2$,小到 $100m^2$,它们通常是根据

图 2.40　村寨公共活动空间

村寨人口数量的多少和活动规模的大小决定的。

　　藏族人信仰的是藏传佛教，因此传统的公共空间一般都有举行宗教活动的时候，于是那些公共活动空间往往就会布置在村寨中心偏北（或东北、西北）的位置，有些甚至位于村寨地势的最高处，还有些独立于村寨外的寺庙空地上。道孚县鲜水镇鲁都村的公共活动空间就是这种布局，其村寨里设有寺庙，建有白塔和其他构筑物，每逢节日，村民们不约而同地来到广场或坝子上，大家围绕着这些建筑物进行集体活动（见图 2.41）。这些公共空间形式自由，有近似方形或圆形的，也有无规律自由多变的空间。

　　现代道孚人的活动形式丰富，体育项目也增多了，因此当地新建了许多广场、篮球场和公共活动坝子。这些空间条件好，按照国家规定的尺度修建，位置一般自定，可在村寨中心，也可设置在其他地方，常常视场地条件和环境而定。其内的体育设施和器械增多，方便当地村民的休闲和锻炼之用，并且那些场地现在已成为道孚人集会活动最多的地点，甚至超过了传统坝子的使用频率与人的数量。一些村落因地势险峻等原因，就把传统公共空间与现代空间合二为一，改造成供全村男女老少使用的活动中心（广场），这也是较好地再利用硬地的办法；还有少部分村民在公共广场旁开起了小卖部出售各类食品，不仅方便了村民们的生活，还活跃了当地的经济，因此，道孚村寨内的公共空间内容较多。但在道孚 158 个行政村中，并不是每个村都有完整的活动空间，只有部分村寨会设计一种或几种公共活动场地，它们既能保证村寨中人们的集体活动，又反映了他们的生活特色。

图 2.41　在公共广场上集体活动

第 3 章　道孚崩科建筑形式

3.1　道孚崩科建筑的平面形式

道孚崩科建筑平面由功能而定,其形式简洁明了。通常建筑由上下两层组成,其下第一层平面形式大致为正方形(见图 3.1),外接小面积的方形(卫生间),以及杂物间与家畜间、粪池间,平面自由组合,随着家庭的生活和劳作需要决定。过去道孚崩科建筑的下层形式是东部房间放置劳动工具,并堆放些粮食与烧柴;西部房间常用木板或木杆围栏,分割出自由的形式,圈养牛羊等牲口,划分几类家畜所用的空间。假如今后养殖牲口发生变化,他们就在一层重新分隔其平面空间,其间所有的平面都是无固定的,依照道孚崩科建筑的结构体系而来,按照建筑的承重柱穿插组合构成,使得一层平面形式变化丰富且有功能秩序。

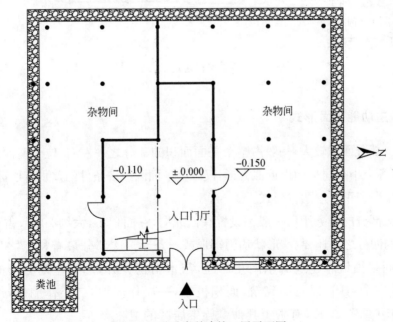

图 3.1　道孚崩科建筑一层平面图

道孚崩科建筑第二层的平面形式相对一层而言,规整丰富,它类似于方形、凹字形和L形,由家人居住和生活功能决定。它分为四部分(见图3.2):第一部分是家人居住的空间,内有卧室、客厅;第二部分是服务用房,如厨房、卫生间、仓库;第三部分是公共过厅,类似于现代住宅中的玄关;第四部分就是"佛"住的地方——经堂。这四部分共同构成二层平面,面积有大小之分,主次之别。

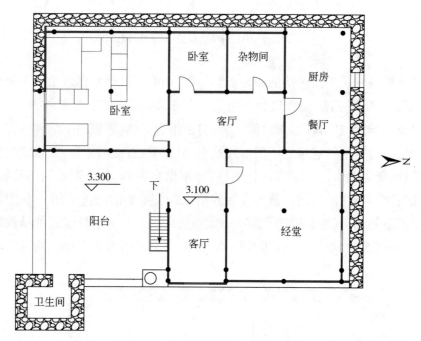

图3.2 道孚崩科建筑二层平面图

3.1.1 主功能平面形式

第一部分面积较大,一般占整个平面面积的二分之一左右,位于南面、东面、西南面,各个小空间平面也近似方形,仅卧室平面因经济条件的差别有所区分,表现出长方形和正方形两种形式。

第二部分的服务用房一般都设置在西北向,它面积小,大约$20m^2$,占整个平面面积的四分之一还要少,形状均为矩形或长条形。这部分最有特点之处表现在卫生间单独依靠建筑的东南角修建,与木结构分开,却和室内方形的平面连接;它完全封闭,以石墙砌筑,面积极小,一层作粪池,二层作厕所,像孤立的小碉堡(见图3.3),有别于其他藏族聚居区的卫厕布置。

第三部分平面形式也为条形状,由于过厅有组织家庭成员前往各个房间的

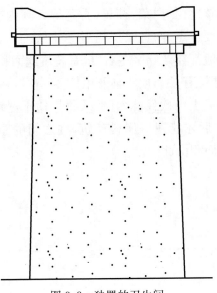

图 3.3 独置的卫生间

作用,所以其平面灵活,呈 L 形和方形之状,面积较小,约占整个平面面积的八分之一,位置均在东南向。虽然受面积影响,但其功能是整个二层平面空间的重点,它们室内的装饰也较为多样。

第四部分一般设置于北向或东北向的一角,面积不大,约占整个平面面积的四分之一略小些,室内布置考究,少开窗,陈设密,装饰味浓,这是藏族人的信仰崇佛之区。藏传佛教是道孚地区民众信仰的主体宗教,他们世世代代都信奉该教,所以每家每户均在宅屋内设有独立的经堂,时时敬拜。其内装饰华丽,布局有道,平日房门紧闭,家人少出入,只有在重要的宗教节日活动时全家才一一跪拜。

3.1.2 次功能平面形式

道孚崩科建筑屋顶上固定经幡,偶尔有晾晒功能,其实这种晾晒功能主要还是由二层晒台承担,并且晒台的东面有一个煨桑台,是家庭用于祈愿活动的宗教构筑体。屋顶除了屋盖作用外,其上很少有别的用处。按照建筑功能进行布局,道孚崩科建筑和甘孜藏族自治州的其他聚居区建筑相比,建筑功能与平面布局有明显的差别。例如,丹巴县的藏房均修建三层,其第三层是"佛"居住的地方和晒谷粮之处,而道孚崩科建筑不是这样,其建筑形式一般都为两层,建筑整体形态短而偏长,属于横向伸展的趋势,完全有别于丹巴民居的高瘦矗立之貌。

有些较宽裕的道孚崩科建筑设有小院子,院内种植一些果树和蔬菜等农作物,常种植有苹果树、核桃树、白菜、茄子、香葱等。其内平面布局自由零散,分割成了田园用地和玩耍地点,两者面积相当(见图3.4),常因主人的意愿而定。道孚崩科建筑面积一般都在200m²左右,也有超过此面积的大住宅。这与道孚人长期使用的建房材料有关,他们均采用树木建房,树干粗大,一般直径在0.3m左右,过去主要靠上山砍伐林木,要求每根树干尽可能的竖直而坚硬,足足凑齐百余根良木之后才能建好崩科建筑,柱之间的距离均控制在2.5m左右,纵横成柱网,所以面积由此而定。

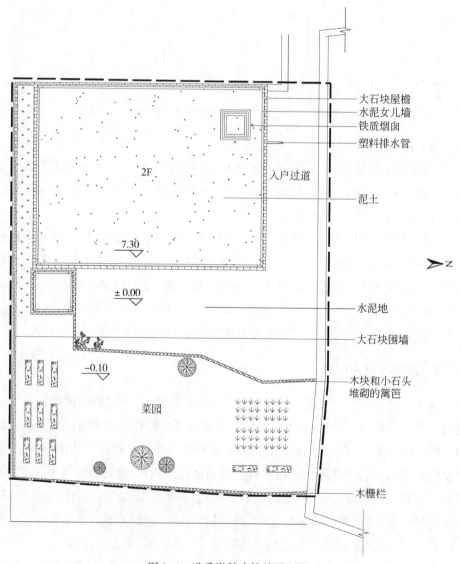

图3.4 道孚崩科建筑总平面图

3.2 道孚崩科建筑的立面形式

道孚崩科建筑的立面形式丰富多彩,可分为建筑的室内立面和室外墙面,两种立面形式由材料和装饰决定,室外毫无炫耀之意,但室内却是夸张耀眼的表现,两者都反映了道孚人与自然共生、华贵富丽的观念,讲究因地取材、就地而建的特点。建筑真实地彰显了他们营造房屋的观念,质朴亲切,富有强烈的艺术色彩。

3.2.1 一层立面形式

道孚崩科建筑外立面四四方方,稳重憨实,其立面构成具有现代框架结构的格调。它以建筑材料按照结构受力的原理,分为承重构件材料和非承重的填充构件材料,两者按需所用,相互榫卯,穿插搭建,构成互为交错、有实有虚、平整凹凸的对立形状。例如,一层立面常常采用实墙为主(见图 3.5),用石料或夯土堆砌筑成,墙体薄,厚度常为 0.4~0.6m,它是建筑的非承重墙体,具有围合空间和保护木柱的作用。这些建筑中的实墙其实是一层填充墙,它类似于四川省汉族民居的穿斗式结构做法。墙体实为建筑结构的附属体,起遮风挡雨的作用,而承重的责任完全落于各类穿斗柱架上,具有墙倒屋不塌的结构材料特点。

道孚崩科建筑立面形式呈规整的横向条形,它主要由两层构成(见图 3.6)。第一层东、西、南、北四面都由土石混合砌筑而成,条件好的家庭会在墙体表面粉刷一层白色石灰,装点一下墙面,十分整洁,而一般家庭就直接外露砌墙材质。如石块和卵石,有些住户对墙又略微打磨或泥土抹面,形成条纹或鱼纹的装饰效果。墙上开设窗口,每面均在 2 个左右。建筑的门开设在东面或南面墙的轴线位置处,修建时间较早且坐落在宽阔的场地中的建筑,一般门都开在南面,只有后来改建或增建的民居才设置在东面。门板的宽度是由多棵树干从中间劈开后平齐组成,类似于板门,有一定的厚度,大约为 0.08m,显得厚重。平面露于外侧,而圆弧的效果面向室内,和建筑结构"崩科"非常统一;门板刷红色,宽 1.3m,高 1.8m,与墙体结合紧密,门扇、门楣为大块木料,同建筑墙体材质吻合;门上有藏式檐口造型,密椽两层,层层外挑,出檐 0.3m,是藏族地区明显的建筑符号。密椽为木材搭建,上置一层木板,板上有石板铺盖,为防止雨水淋湿腐烂,第二层仍然是椽条支撑上面盖板。据当地人说这是华盖(宝盖)的意思,代表幸福安康。

图 3.5　道孚崩科建筑横向立面

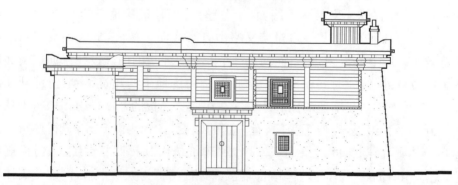

图 3.6　道孚崩科建筑两层东立面图

　　墙上的门常为道孚崩科建筑重要的装饰与建造亮点,因此上面的装饰构件较精细、复杂;而同样是建筑立面重点之一的窗户,其装饰也是道孚崩科建筑的亮点之一。道孚崩科建筑的窗户造型与藏区其他民居的窗户造型略微不同。道孚崩科建筑的窗户常为长方形,全由木质材料制作,非常精巧,有窗框、窗扇、窗棂等部件,构造严密,体现了木质材料天然的纹理感(见图3.7)。这里的建筑一层窗户比二层窗户小,约为0.6m×0.7m,而二层窗户为0.7m×1.2m,窗户四边的窗框有回字形的装饰带,且用木材雕琢而成,涂红色或黄色。北面和西面窗户一般较少,有些建筑的北面和西面甚至不开窗,而东面与南面均开设较密集的窗户,白天太阳升起的时候,当地人会不约而同地推开窗户,支开或卷起白色的窗帘,引入阳光,而到了下午,会拉下白色的帆布帘幕遮掩而保温,再关上窗户,场面十分壮观。在每扇窗户的密椽上面也就是圈梁之处,家家户户都会绘制佛意中的植物纹样,色彩绚烂,装饰简洁,主要有红色、蓝色、白色、青色等,画中题材十分接近,以菱形纹、回纹、海螺纹样为主,用单线或平涂绘制,形成点、线、面组合的装饰画,在深棕色的墙面上非常醒目。

(a) 一层格子形窗户

(b) 二层雕花窗户

图3.7 道孚崩科建筑立面窗户

3.2.2 二层立面形式

二层立面同一层有很大区别，它们全由树干密排构成，最能表现道孚建筑的特色(见图3.8)。到了二层顶面时，屋檐部分基本上是密梁相叠，椽条满铺，梁头刷白色颜料，整齐一致，它与大梁出挑形成较好的韵律感。在道孚崩科建筑中屋顶基本建平顶，因此立面看上去平展舒缓且略带反向曲线的形式，这与建筑周围的山地之形取得了较强烈的呼应效果，还有梁、椽纵横相叠，同建筑四周墙面构成轻快的节奏感，非常稳重。屋檐的梁托呈三角形的斜撑"◺"，把墙和屋顶很好地协调起来，加之体型方正，密度小，所以整体形式十分自然和谐。

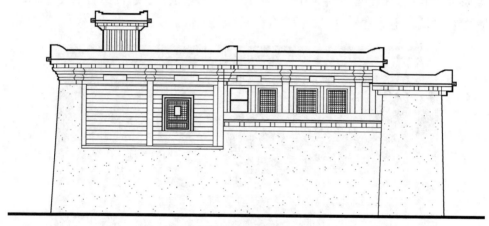

图3.8 道孚崩科建筑南立面图

道孚崩科建筑是由梁架结构支撑而成的藏族民居，其构造原理主要以木材的穿插和榫卯为主，现代的崩科建筑很少使用丁卯、焊接技术。在道孚民居上百年的发展历史中，它们自然形成了独有的崩科结构技术，那就是建筑由上而下，其立面造型发生着大量变化，底层起防盗、防湿和保暖的作用；当地用石材、土方建造，不露崩科结构，好让结构藏于墙内起到被保护的作用。到了第二层，建筑面貌迥然不同，崩科结构和材料完全裸露在外(见图3.9)，它们的穿斗和叠置表现得非常清晰，干材密排成墙，由大约10根树干从中间剖开一分为二，有棱边的地方被打磨平整，统一嵌于柱子上的竖槽内，以此类方法操作，便成了木勒骨墙，当地人称为崩勒。这种崩勒墙体是崩科建筑巧妙的建筑构造，也是道孚祖先节约用材、合理搭建房屋的绿色营造思想体现。该绿色营造思想在外观表现上呈现了密集、整齐、重叠的二楼墙体形式，美观又实用，可以看成是道孚崩科建筑特有的形式效果(见图3.10)。

图 3.9 道孚崩科建筑二层的结构和材料

图 3.10 道孚崩科建筑立面的对比

道孚崩科建筑立面构造形式往往只能在东面和南面突显,而北面与西面两层用作实墙,以保护室内的温度和安全,这也是满足室内私密生活的需要(见图 3.11)。室内立面是道孚民居装饰和精神需求的精华所在,这部分将在后面的室内装饰部分论述。

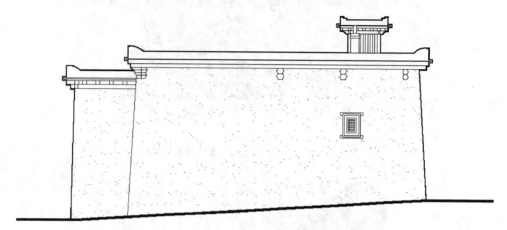

图 3.11　道孚崩科建筑北面的实墙

3.3　道孚崩科建筑的空间组合

3.3.1　道孚崩科建筑的空间单位

1. 建筑空间单位形式

道孚崩科建筑的空间演化是根据当地人的生活行为与宗教文化形成的。公元 7 世纪,道孚称"道坞"。它是隋代统治者在少数民族地区设置的附国核心。早期这里居住的民族是党项人,有学者推测可能为古代的弭药人,据杨嘉明写的《关于"附国"几个问题的再认识》一文中:"西夏建国,国号大夏。西夏的民族为党项族,党项未北徙而留居的民族更号弭药。又称木雅。党项—西夏—大夏—木雅—弭药五为一体,……我们初步认为道孚人是古代党项八部中之一部,拓跋部最强,迁于北方,余部被吐蕃更号弭药,这个道孚人很可能就是古代之弭药人。他们的语言与康定木雅人的语言不同,但部分基本词汇相近,并与西夏语相似。"[14] 据说后来部族之间相互融合,成了藏族的一个支系。他们的语言虽有羌语发音,但生活方式及语音还是属于藏族文化圈。由于受藏族文化圈的影响,使得道孚崩科建筑的室内空间在构成上,依然保留了"空"这个建筑最小的空间单位(见图3.12)。

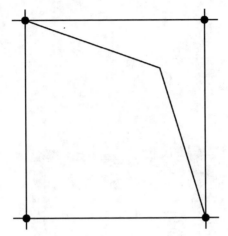

图3.12 道孚崩科建筑最小的空间单位"空"平面示意图

道孚人的生活方式以游牧和农耕为主,他们根据所处的地理位置和环境情况,建造了适宜地形与气候的居住空间,有山上以石头为主的藏碉(见图3.13),有山谷河岸以木材为主的道孚崩科建筑等。这些建筑形式、建筑空间与邻县的丹巴嘉绒藏族碉楼不尽相同,各有自己的特点和优势。它们不同的建筑形态和结构材料使其内部空间、大小位置、功能作用均产生了不一样的造型风格。

道孚地处四川省三大断裂带之一的鲜水河断裂带上,那里是地质活动强烈、地震频繁的地带,该处历史上属多震灾害地区。根据田华的《建造"诺亚方舟"——道孚藏族民居的抗震智慧》一文中提到:"据不完全统计,1736～1990年的255年间,道孚地区曾发生震级在4.7级以上,或震中烈度在6级以上的破坏性地震21次,平均每隔12年发生1次中强度地震,间隔最长时间为82年。"[15] 在2011～2017年间,道孚及周围地区发生3级以上地震上百次。有关新闻曾这样报道过,近7年来发生3级以上地震共237次,最大地震是2013年4月20日雅安市芦山县发生的7级地震、2014年11月22日康定塔公乡发生的6.3级地震。这块地震带上震动频繁,灾害大,因此当地人建造的崩科建筑的居住安全是第一要求;其次空间、比例配合要适当,长、宽、高之比适宜人居的尺度。

道孚崩科建筑中,建筑结构围合的空间分为主体空间、次要空间、辅助空间、过渡空间和交通空间。每一种空间均有完整性,它们都从属于道孚崩科建筑的大

图 3.13　丹巴嘉绒藏碉

空间,空间形式规整,大小和主次有序,从而产生了各自空间的形态和类型。对其多类空间的调查进行归纳分析,上述空间的共同点是:它们都来自一种单个的空间,即以六面围合的部分为单位的"空"。比例近似为 1.2∶1.1∶1(长∶宽∶高),这种比例和谐而均衡,它类似于传统汉族建筑的"间"(见图 3.14),是道孚崩科建筑传统空间的基本单元和最小单位,两者形式相同但比例不同。道孚崩科建筑的空间单元极具相似性,整体看去都是大小相等的重复组合体,很像蜜蜂筑造的"蜂巢"一般,紧紧相连,之间无缝隙,架构坚固,成为空间整体。

由四根硕大的立柱支撑着房屋的主体构件——大梁,其梁的直径大致相等,这是由立柱和梁架构成的空间,藏语称之为"空"。"空"是道孚崩科建筑的基本单元。

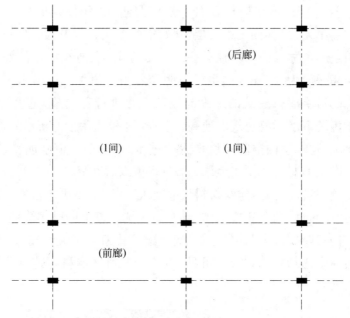

图 3.14 间组成的房屋平面示意图

2. 空间单位的尺度与模数

道孚崩科建筑的空间是由基本的空间尺度组成的,其尺度和经验模数成为当地工匠与民众共同遵循的原则,无论当地的村民还是牧民,他们的房屋都依据统一和潜在的尺度关系修筑,不会受其他影响而随意改变。家家户户的建筑无论规模大小均在这个模数基础上增减,满足空间完整的需要。如果不按模数组合就会影响道孚崩科建筑的结构稳定与建造水平。因此,一般条件的家庭会根据自己的经济状况在空间尺度不变的情况下,对模数构成的"空"适当减少,最后建造面积小些的生活家园。

道孚崩科建筑的空间尺寸,长 2.0~2.5m,宽 2.0~2.4m,而房屋高度常常定在比成人(1.6~1.7m)高 4 倍以上,约为 6.8m。室内一层净高 2.3m,楼盖厚 0.3~0.5m,屋盖的烟道厚 0.5m,结合二层高 3.5m,建筑通高为 6.3~6.8m,恰恰是道孚一般成人高度的 4 倍。例如,一层空间的高度为 2.0~2.3m,此层作为家庭辅助空间及生产功能的用处,以前该层空间为圈养动物和家禽的场所,此层不住人,所以该空间低矮的尺度就一直保留至今,未作任何变动。随着社会和经济的发展,一些村落逐渐形成新的城镇,致使有的道孚崩科建筑在面向街道一侧被改造成了小百货店铺,故而重修房屋时把底层层高抬到

2.5m左右,这部分的道孚崩科建筑一般都是近10年修建的新房,有些是改建的旧房(见图3.15)。到了第二层,建筑空间就明显提升,几乎所有道孚崩科建筑的二层空间尺寸都高于一层,为2.8~3.5m。当地经济条件好的家庭,建筑室内的层高一般为3.5m。这足以证明随着当今道孚人生活水平不断提高,他们对传统的道孚崩科建筑的尺度与模数也在进行着调整(见表3.1)。这种情况反映了传统道孚崩科建筑的通高、空间尺度和现在当地新建的道孚崩科建筑之间的差别,建筑室内空间尺度增大的进步,以及现代道孚崩科建筑的高度增加和模数发生的变化。据实地调查,2008年以后新修的道孚崩科建筑,它们普遍高于传统建筑。首先,建筑材料尺寸要大一些,类型更丰富些,现代道孚崩科建筑用实木和砖块结合建成主体结构,而传统的道孚崩科建筑用圆木和土石修筑承重结构;其次,过去两层的道孚崩科建筑普遍高度大约在7.0m内,但新建的房屋通高多达7.0~9.0m。可见,对比新旧道孚崩科建筑,可以发现其内部空间的高度变化比较明显。

图3.15 现代道孚崩科建筑尺度与改造的现状

表3.1 道孚崩科建筑的尺度与比例

类型	长/m	宽/m	高/m	长宽比	高宽比	通高/m	通长/m	通宽/m
新居	2.0~2.5	2.0~2.5	2.0~3.0	1:1.1	1:1.5	8~9	14~23	13~23
旧居	2.0~2.3	1.7~2.2	2.0~2.3	1:1	1:1.1	6~8	10~21	10~19

注:数据源自作者2014年暑期带领本校建筑系学生实地测绘、调研归纳的结果。

道孚崩科建筑的模数和尺度一致,都是以人的身高体形作为参照标准,与木材的材质、使用和运输有关。他们在选取木材时,都以 1.7m 的长度作为基本单位,并以此类推决定其他空间和材料长度。最小的模数单位约为 0.17m,即"一卡"("一卡"是道孚崩科建筑中使用的测量单位,约为 0.17m,它是以人的手指作为量具,指从人的中指到大拇指的横跨长度,要求拇指与中指尽量张开卡测建筑空间和构件)。根据房屋空间的大小,大空间采用 13 卡,约为 2.21m;小空间采用九卡或十卡,为 1.53~1.7m。这种模数是道孚崩科建筑修建时惯用的主要尺度。另外,当地一部分家庭也会采用 0.19m 的 11 倍这种模数尺度。道孚人信仰藏传佛教,所以在建造房子的过程中都初步按照佛教的要求进行,进而在建造、规划新房时就从佛教文化里寻找其做法和指示,用奇数作为建房模数的基本单位。

　　道孚建造房屋的工匠经过多年的实践,早已从中总结出一些实用的施工经验,他们掌握了一定的工程要领,在工作中转化为一种独特的技艺和诀窍,被人们称为民间技艺,于是当地工匠就把这些基本模数单位用在工具和材料上,辅助人们建房。他们用长的树干或枝条、线绳作为建房的模数长度确定空间大小,而不需要工匠长时间用手指逐个参照,这样不仅可减少工匠建房的时间和劳动量,还能减轻他们的工作强度,以方便他们迅速造房以及准确完成相关的工作。道孚民居的千年建造史是根据空间单位的模数和尺度营建,并且随着时间的流逝也在发生改变。最小的模数单位从 0.15m 到 0.19m,均是工匠在建筑施工和建造过程中不断总结与优化的结果。

3.3.2　道孚崩科建筑空间的组合形式

1. 一层空间组合形式

1) 田字形空间形式

　　道孚崩科建筑在空间组合中的形式表现为四种:凹字形、L 形、回字形和田字形。田字形类似于空间组合的十字形,它的空间骨架沿纵向和横向双向连接,是道孚地区民居建筑常用的构成形式。该形式连接简单,构造合理,空间组合完整,没有任何多余的负空间,建筑中常以方正的主体空间存在;构造清晰,只需要用木柱贯通两层,再用双梁和双枋、双椽组成空间骨架,连接完整的空间逐步组合成房屋。道孚崩科建筑的每间大小一致,优点是空间利用率高,各处都能使用。内部空间还可根据需要自由划分,结构连接牢固,受力均匀,相互支撑,互补形成较好的合力作用。这种搭建结构的民居空间是当地人在经历了历史上多次地震后总结出来的一种空间布局及组合形式。

田字形的空间构成(见图 3.16)从一层到二层其空间形式是一样的,均为方形,面积大小相等,只因一层为家庭的交通要道、次用房,其内的空间相对自由,形状也没有那么固定。从调查来看,每家一层空间的形状都不太一样。该层全是通透的,只有密集的柱、枋(当地人称为欠或嵌),而没有分隔的墙体,类似于建筑大师密斯提出的"流动空间"[21]形式;有些家庭对一层空间进行了适当的隔断,但形状不规矩,一面是两间隔开,另一面是斜向分隔,呈现出根据需要自由分隔的状况;还有一些家庭一层分隔整齐,沿立柱的轴线对称间隔,看上去十分统一。总的说来,田字形一层空间基本上是自由隔断的,随家人的生活和养殖需求不断变化。如今该层空间的外形有所改变,但并没有影响到其本质的空间形貌。

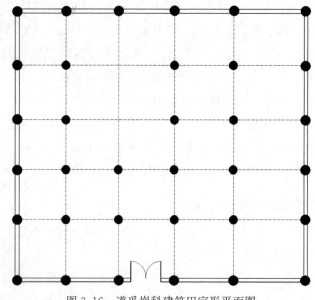

图 3.16　道孚崩科建筑田字形平面图

2)回字形空间形式

道孚崩科建筑一层空间除了常见的田字形外,还有回字形的空间形式。该空间的构成形式和田字形基本相同,也是由木柱构成单个空间,纵横相接组成密集相连的井字形状,但不同之处在于,该空间连接到一定程度时,就会留出 2~4 个"空"作为建筑的中厅或天井,起采光作用,并与周围的其他单位空间组成回字形(见图 3.17)。此种空间组合一般见于土司的宅屋,其建筑面积较大。

这些面积来源于道孚崩科建筑的柱距跨度,其跨度为2.3～2.7m,四根柱子为两跨,共同构成一个大空间,且形态方正。富裕人家一般使用穿枋(双层),圆木锁拉扯,使其结构牢固,足以表明回字形空间用料多,结构复杂。道孚崩科建筑回字形房屋冬暖夏凉,木构架组合,空间叠置,可以说是积木一般的民居,它是把这种以"空"为单位的建筑比喻为木质构成的"空间",其方便、坚固,如果没有回字形的空间组合,道孚民居就缺乏无限扩大的建筑形式,也没有横向发展的建筑形貌。因此可以确定,回字形空间组合中留出一定的"空",保证了道孚崩科建筑室内的采光和通风等效用,利于当地人的起居生活。

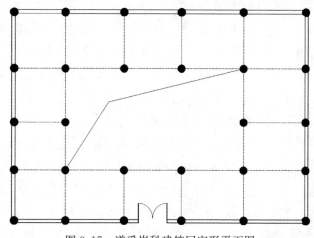

图3.17 道孚崩科建筑回字形平面图

道孚崩科建筑回字形的空间因为采光好,室内非常明亮,其精美的装饰一览无余,壁面上的颜色非常鲜艳,图案丰富,木雕精雕细刻,争奇斗艳。然而这一切的景象都离不开回字形的空间和结构,它的立柱和横梁紧密搭建形成整体,在横向四个空和纵向五个空内,会留下纵向两个空左右,横向三个空,上下两层贯通,采光较好,是规模较大的崩科建筑形式。因此,华丽的道孚崩科建筑并不是在于它内部的复杂装饰内容,而是真正在于它的木结构所形成的回字形空间形式。这种回字形空间的组合在道孚崩科建筑的构建中,虽然并不普遍使用,但其存在的作用和价值却是非常突出。一般是过去的土司阶层和权力阶层才有实力修建此类型房屋。

2. 二层空间组合形式

1)凹字形空间形式

二层空间与一层空间略有不同,二层空间为人居住,是会客和生活的场所,该空间提供的功能类别要多一些,因此形式上也会多样化。二层和一层在建筑结构方面相同,都是柱子与枋连接,大小相近,并同一层对应,两者未有明显区别。建筑本质上空间是一致的,但是其形态和大小尺度因功能不同而不同,主要表现在建筑二层空间分割明确,被分成整齐规则的小空间或子空间,每种子空间均是家庭生活的功能体现,家人使用决定其面积的数量和位置的关系。例如,道孚崩科建筑居住空间的卧室位于二层的西南面或南面,它们面积不大,约为 $20m^2$,被木墙隔开;厨房的位置在北面或西北面,面积约为 $15m^2$。虽然空间大小在变,但还是区分主次,而且空间都是规整统一的,不杂乱,相对一层能充分展现二层人居空间的条理化。

　　基于建筑功能空间的使用,其各个子空间相互连接,最后形成道孚崩科建筑中二层空间的凹字形。凹字形空间为道孚崩科建筑二层的起居室与朝东南面的露天晒台相连后产生的一种空间(见图 3.18),这种空间除了露天的晒台外,其余是家庭长辈的用房:东面为起居室,西面为卧室。有的家庭还在东面增加一间"空"作为临时的卧室,让家人有更多的居住房间,日常置放杂物。通过加建后,大量储备的子空间使其二层形态呈现凹字形状态。这些空间形式有家庭服务用途,它们来源于道孚人民劳作生活的需要,空间利用率高,平日主要作为起居而用,家中来客人或亲戚时也作为接待之地,其空间和面积大,一般要用 2(个)×2(个)空或 3(个)×3(个)空,面积约为 $30m^2$,起居室空间成为道孚崩科建筑较重要的主体空间;生活里遇到过节和其他事项,家人都会在此进行议事和讨论活动。例如,道孚人家新婚大喜期间,全家老少都会到这个空间一起商

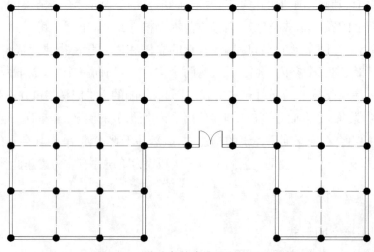

图 3.18　道孚崩科建筑凹字形平面图

讨;有时吃饭也在该处,还有咏唱等活动,在这里大家载歌载舞表达喜悦的心情,于是人们把起居室的茶几定位"锅庄",其意就是表明本空间的功能和文化涵义。如今来道孚观赏游玩的人逐渐增多,许多当地民居变成了接待游客的家庭旅馆,似乎就是把家里的起居室腾出来临时成为休息的客房,以方便更多远道而来的客人住宿,也增加了一定的收入。

除了上述主体空间和方位、面积外,道孚崩科建筑二层的次要空间有厨房、餐厅和厕所等房屋,这部分空间被当地人合理地区分开来,其位置常在二层空间的北面或西北面,还有东南面的卫生间。这些朝向具有方便主人做饭时,所产生的油烟和气味不会随风飘散到屋内干扰家人的生活;相关做饭的材料、食物也不会影响人们的交流活动,于是次要空间的位置就变得隐蔽,面积较小。一般道孚人吃饭均在次要空间,因此传统道孚崩科建筑室内不设餐厅空间,而是在起居室或灶房聚集就餐。只是当今时代需要,道孚人的生活水平又得到了质的改善,才在现代(新)道孚崩科建筑内设置了餐厅这种现代功能空间。

厨房是次要空间的主角,空间不大,约占两空,略小于卧室面积,在 $20m^2$ 以内。道孚人的厨房类似于四川省西北汉族民居中的厨房布局,炉灶位置也相像,烹煮方法近同。一般在墙体一角砌筑灶台,习惯煮、炒的方法做饭,然而这种生活习惯和做饭方式同甘孜藏族自治州其他藏族不大一样。丹巴嘉绒藏族的生活,一般家庭都设置火炉,又叫"火塘",其上做饭,冬天取暖,却少见类似汉式的炉灶设施。道孚崩科建筑的厨房位于西北部,四周墙体除北面有一个小窗口外,其余三面墙不设窗,该房间主要采光全靠顶部的高窗,与此同时,此窗还作为炉灶的烟筒起到排放炊烟和通风的作用。在厨房一侧当地人常设置临时的储物间,其内放有平日不用的家具,还有储藏谷粮的作用,它的面积和空间极小,仅有厨房大小的 1/5,内部昏暗、终日不见阳光,感觉应是随意间隔而成的次要空间。

次要空间中的另一部分是卫生间,该空间被布置在东南角,这种做法是道孚民居不同于其他藏区建筑的独特之处。卫生间独自从一层升起,在二层似孤立稳定的小城堡,其空间不大,平面面积约为 $2m^2$,一般南面开一个小窗口,用来采光和通风。入口的东面看不到任何窗洞和构件,是非常封闭的墙体。

道孚崩科建筑的卫生间体型高耸,像一座石塔一般,依偎在主体建筑旁,成为道孚崩科建筑的一大标志形象(见图 3.19),非常富有地方特色。卫生间由石材砌筑而成,与主体结合,面积和空间小,墙体承重结构。由于功能单一,因此造型简洁无装饰。

(a) （b）

图 3.19　道孚崩科建筑的卫生间设置

  道孚崩科建筑还有一种辅助空间，那就是为主体空间与次要空间服务的空间，包括走廊、过道、门厅。这些空间一般是连接主体空间与主体空间之间、主体空间与次要空间之间，以及次要空间与次要空间之间作为走路通行的空间，它们或作为连接功能，或放置杂物使用。此类空间体型不大，仅门厅稍显方正，常位于一层与二层的平台位置，还有些条形空间、方形空间的，它们都因家庭经济条件而决定。这些空间一般仅占一空或两空，其面积约为 $10m^2$，联系着起居室、卧室、厨房、经堂等，功能上有动态线路的作用，而剩余的过道、走廊体型小，空间更是多样，它们常为条形，连接各类主体空间，位置稍显隐蔽，一般只有经过门厅后才能步入那些多样的空间中。

  最后一种是人们少见或未注意的过渡空间，该空间常在各类大小空间的连接处，它有着自组织变化能力，起着协调各类空间的作用，表现为空间量大、体型小的特点。此种空间类似于景观设计中的小品，其形态千变万化、丰富多彩，无固定位置，主次空间位置前后、左右、上下均可能出现，连接着各个空间，调节着这些空间之间的矛盾和不足，平衡空间的质量和优劣，具有补充的功能。例如，室内中厅与室外晒台的连接空间——屋檐部分，这部分空间虽无固定形态，但其内有门阶和门槛,它们为家人提供"坐"和固定房门结构件的作用,起到空间实质的过渡性。除此之外,还有室内经堂和门厅连接的过渡空间,该空间仍然有着过厅到经堂的衔接作用,经堂前有一狭小空间,它类似于现代住宅中的玄关,面积小,呈低矮形状,却往往表现有物质多样、装饰繁复的堂皇之感。

主体空间对藏族人来说,既存在于心,又存在于形。藏传佛教是他们的信仰,进而其室内也要安排"佛"的居所——经堂。于是藏族人就将室内空间的最高位置、最好的朝向分配给了经堂,供奉佛像于家中。这种做法,道孚地区的藏族人也不例外,他们同其他藏族聚居区人的习俗信仰相似,行为模式相同,房屋内建有经堂。这种室内空间,其面积约为 $20m^2$,室内无光,日常全凭点燃的酥油灯照明。室内空间装饰华丽,可以说是每个家庭倾全部之力重点装扮的地方。该空间凝聚全家的愿望,所以平日里家人很少进出,只有早晚才进去打理,不允许家人在此打闹嬉戏。道孚有些地方的民居为三层,那么第三层空间一般设为经堂,其空间大小、装饰做法基本相同。

2)L 形的空间形式

二层 L 形空间是道孚崩科建筑习惯采用的形式,其室内空间一般比凹字形紧凑,面积也要小些,它们的功能相似,除厕所外,东面或东南面不设其他空间,仅有家庭足够的功能房屋就可以了,致使空间中 L 形出现简洁明确的主次形式,各类空间分工明确(见图 3.20)。虽然形式与凹字形空间有所不同,但其空间布局和功能几乎相当,依然是卧室位于二层的西南角,有时又设在正南角;作为待客和家人共享之地的起居室布置在南面,空间和面积也常与凹字形空间一致。除此之外就是"佛"的居所,它的位置略显变化,有时安排在与门厅相连的西面,该空间不大,不设门洞,人从东面上楼,一进门就能看到前方摆放的佛像。这种空间形式在道孚鲜水镇的某村民的崩科建筑中有所反映。这位村民家中的子女有在外地打工的,有在当地政府从事管理工作的,还有开货车跑川藏运输的,所以家庭条件比较好,经济宽裕,他们的房屋布置和装饰较为讲究。这体现在室内空间宽敞,功能齐全,装饰富丽堂皇,尤其是位于屋中西面的经堂,未设置房门,只要家人步入门厅后就能看到佛像。但是有些家庭还是设置了房门,目的是防止家人在经堂内玩耍和嬉闹等。这两种设置屋门的方式均与经堂布局方位有关。经堂在西面敞开较宜,方便家人时时刻刻敬拜,反之东面就设门扇挡住人间世俗的行为和言语,到了需要之时,家人敞开此门,全家进房跪拜供奉佛像,打理其内的供品之类。

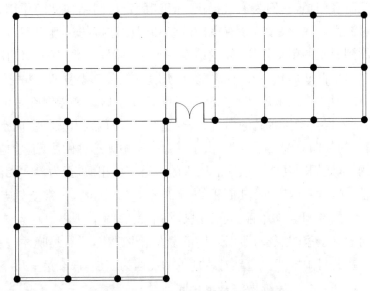

图3.20 道孚崩科建筑L形平面图

次要空间依然同凹字形空间布局，位于西北角或北面，它的大小根据二层空间尺寸来定，其面积约为 $25m^2$，其内常常做饭、就餐合二为一，内部光线一般，略显昏暗，室内仅靠屋盖上的大小约 $1m^2$ 的顶窗采光，顶窗还有通风功能。卫生间统一在L形外的东南侧，仍然为辅助空间和过渡空间，基本跟凹字形空间一致，两个空间布局相同，而不同之处在于南面时常设置过厅而不再增加其他空间，最终该布局成就了西面完整的空间形态。建筑室内只有东南面缺少一块空间，直至变成面积适中的晒台，供家人生产、晾晒、休息之用，这就是L形空间的布局形式。

3.3.3 道孚崩科建筑空间的作用

道孚崩科建筑内部空间由四部分组成。这里主要以功能和性质进行区分，以此展现它们的作用。

第一部分为主体空间，包括人、佛居住的空间，与人相关的主卧室、次卧室和起居室在室内起主体作用，便于人们生活、会客、坐卧休息之用，表现出空间形态的规整、容积量大的特点。而设有佛堂的空间俗称为经堂。

第二部分为次要空间，这类空间常常是为主体空间服务的，起补充和完善主体空间功能的作用。次要空间包括厨房、餐厅、卫生间等关联房间，它们的形态随意性大，没有主体空间的规整特点，从功能上分析，起协助家人就餐和排污的作用,该空间布局呈凌乱的特点。

第三部分是辅助空间,该类空间被称为交通空间,起着联系各类主、次空间的作用。根据藏族人的行走方向又产生了两种空间:第一种是平行交通空间,如室内的过厅、过道、玄关;第二种是上下楼层联系的垂直空间,一般是藏族屋内的木楼梯,有些家庭为了方便也采用石块砌筑。此空间面积一般不大,有曲直、方正、长条等形状。

第四部分一般称为过渡空间,该空间起协调各类空间的作用,又被称为"调和空间"[17],此类空间较少被人们关注和使用,因为其空间的作用在人们看来可有可无。有些调和空间在建造期间就已形成,而有些又是在人们生活岁月里不断改建和加建构成的,如工具室、门廊等,该空间具有数量少、体型小的特征,仅作为衔接性用途,或有美观、调节的作用。

3.4 道孚崩科建筑群组合形式

3.4.1 道孚崩科建筑形式演化

道孚崩科建筑在规划上,当地人喜好独立修建,每户之间无任何部位连接,这就是崩科作为单体建筑映射的景观现象之一,是构筑物与大自然的巧妙结合。道孚崩科建筑单体的结构技术和外形在藏族民居中有一定的特点和优势,而且这种优势类似于汉族穿斗结构做法,建筑由粗壮的木桩架构成框架式结构,形成崩科骨架,而后由许多不同的自然材料,如土、木、石等共同砌筑成整体,围合成建筑空间,最后形成建筑造型。所以近看道孚崩科建筑非常精巧,远观其比例和谐、色彩明快、对比强烈,其建筑材料达到了协调统一。大量道孚崩科建筑成群,各自都依据一种方式被建造,这种方式仅从建筑对自然的感悟和观察中获取,似以朝向和地形为主,形成整体有序的组合形式,其形式和单体建筑一样细致,部分密集和分散对比,达到紧松的韵律感(见图3.21)。由于道孚民居中族群是从村寨建筑的组合形式进行区分,吻合了前面所阐述的族人因血缘或亲属连续的论断,他们会聚集而居,自然也会相邻建房,从而组成聚落的多样形式。

道孚聚落中崩科建筑构成了不规则群体形式,建筑成群布局在山腰处形成错落有致的景观。道孚聚落以其丰富的崩科建筑单体,相互联系,前后错叠,高低相间;几乎房屋均为两层(见图3.22),唯有个别建筑屋顶加盖了两坡顶才使

图 3.21　疏密结合的道孚崩科建筑群

图 3.22　道孚崩科建筑形式

得它格外突出,独树一帜。在道孚地区这种景象非常普遍,如果人口少,那么村落建筑规模就小,自然建筑之间的组合就显得疏松,分散于山腰和山顶上,它们构成了斑驳相间的棋盘布局,不像城镇上密集紧张的建筑组合形式。这种布局形式在少数民族地区,尤其在西南山脉地区是运用较广的布局形式。道孚属于四川省甘孜藏族自治州,那里居住人口主要为藏族,他们聚族营建,依据族源和血缘关系分布,建造了许多成群的聚落村寨,那些村寨都有长达百年的历史,有些甚至有上千年的历史,人们世代相依而生,相拥而习,生活其乐融融。当地村寨的这些建筑布局可以证实道孚聚落形式的历史变迁。

3.4.2 道孚崩科建筑组合形式分析

道孚崩科建筑群的形成,根据其文化与本族关系的缘由,结合场所中的地形、环境条件,最后构成了相互组合的裙带关系,其形式呈自由形状、几何形状,极少见到整齐划一的规则形式,这与汉族平原地区人们的居住形式不同。按照道孚地区的地形环境和族系文化对道孚崩科建筑的组合进行分析,归纳出如下几类群落形式。

1)几何形的群落组成关系类似于环形或直线形(见图2.26(a)、(b))

它是少数民族地区村落形成的基础,具有普遍性。早在原始社会时期人类的祖先就已经采用了为聚族而居的直线形村寨形式。那时的原始人为抵抗飞禽猛兽袭击,以及其他族群的攻击,方便他们举行节日庆祝、氏族会议等活动,逐渐由直线形发展成环形,又共同形成新的聚落空间与建筑群的组合形式。根据《中国古代建筑史》中分析:"仰韶文化母系氏族公社由于从事农业生产,定居下来,从而出现了房屋和聚落。已发现的聚落遗址多位于河流两岸的阶梯状台地上……所以分布于沿河地区的聚落相当密集,例如西安附近沣河中游长约20公里的一段河岸上,就有聚落遗址十三处之多。"[18]通过推测,这些聚落应该为直线形和环形。还有《中国建筑史》中论述:"当时的原始村落多选择河流两岸的台地作为基址……这种村落已有初步的区划布局,陕西临潼姜寨发现的仰韶村落遗址:居住区的住房共分五组,每组都以一栋大房子为核心,其他较小的房屋环绕中间空地与大房子作环形布置,反映了氏族公社生活的情况。"[13]在《西藏建筑的历史文化》中也有相关论述:"海拔3100m,东靠澜沧江,西南是一片平地,南邻卡若水,北依土山立;房屋毗连,入口朝阳,以东、东南、西南为主……"[19]。由上可知,几何形不仅是古代汉族地区祖先常用的建筑群分布形式,也是我国少数民族地区藏族先人采用的组合形式。

2)自由组合的聚落形式(见图2.26(c))

根据推测它应与地形和族系有关,整个体系与几何形状不同。它是随着时间自由布局逐步扩建,完全根据藏族人们生活的环境条件修建而定的,甚至还同宗教有一定的关系。道孚县民众信仰藏传佛教中的黄教(格鲁教派)和其他教派,当地的住户均在家中设置了经堂供奉;藏传佛教讲究善而行、居而定,其意为生活之物须有善良的心,而决定随地形生活建造。道孚人们恰恰就以这种观念来修建自家房屋,建筑形貌相近,有时完全一致,虽然外形相同,但它们的组合形式都随着地形和族系的脉络建构,形成一部分聚居、另一部分散落的形式,最后基本上组成了自然演变的村落造型。

3)自由形与几何形结合的聚落形式

它是在几何直线形的基础之上,以及社会发展和族系关系的变化中形成的,其中交通贸易频繁成为影响它的重要因素,在历史中较早成为规整的形式,逐渐再由其他民族或异地人在直线形基础之上稀稀落落地建起商业为主的房屋,形成了自由分散的建筑布局。它们的建筑形式大致与当地崩科建筑有些相像,但其建筑功能却发生了很大变化,往往是一层空间作为饭馆、茶馆和旅馆等商业用房,二层才是经营者起居的房间。这类建筑形式习惯以服务满足来往的客人生活需要,并随时间发展又在几何形的建筑布局上形成了许多房屋,它们均是根据游人的行为布置,构成自由型布局与几何形布局结合的聚落形式。可以说,此类组合形式是道孚民居发展的另类建筑群体。

上述三种道孚崩科建筑的群落组合形式,不仅是当地道孚建筑发展的演变史,更是青藏高原藏族地区聚落、村寨发展的历史,同时在其他少数民族地区的聚落中也有这样的形式反映,所以它们应具有相似性。

第4章 道孚崩科建筑的结构与构造

4.1 道孚崩科建筑的结构

道孚崩科建筑的结构形式为梁、柱木质结构,密椽或密梁做法,有2~3层楼高,属于低层住宅。建筑房顶有平屋顶和坡屋顶,道孚县域主要是平屋顶居多,两者的建筑结构差别不大,仅仅是屋顶构造和材料不同。道孚崩科建筑多由直径0.2~0.3m的粗壮圆木搭建而成,木材为杉木或桦木,其具有质地坚硬、耐潮湿等优点,是道孚崩科建筑结构的重要材料。道孚崩科建筑通常高6.0~7.0m,现代道孚崩科建筑也有9.0m高的,依照建筑结构的主次和承重关系,还有大小和高低区别,一般大而粗的树干往往作为主墙沿四周架立(见图4.1),小又拙的材料就置于山墙或室内柱架中。道孚崩科建筑结构由几十根梁、柱、枋组合形成,每个空间较小,面积约为8m²。并且间间几乎相当,这些间或空是由大梁与枋条穿插组成的,相互连接紧密;梁、枋材料常用整木,它们沿梁上的凿口十字相交卡入其内,以榫的方式采用木楔打入固定,连续这种做法,直至把几十间的构架牢牢地固定在一起形成崩科结构。这种崩科结构严密,建筑坚固,加上构架平面为方形,所以偶然发生地震时也不会出现房屋全部倒塌的现象。

道孚崩科建筑结构是当地人在恶劣的自然环境中,世世代代总结出来的结构技术与构造形式,这种建筑吸收了不少周边民居梁柱连接的结构做法,借鉴其构造形式,以消融的方式学习创造,用梁柱结构形成藏族民居的崩科独特体系。该体系中各个建筑构件都尽量做到标准化,用规整统一的木材构件搭建而成,速度快,工序明确,建造科学。建筑的尺寸规整有序,各个房间依据功能所限,各自尺寸相异,但形式统一,这些尺寸早在当地工匠和民间技艺中就已形成一种固定的营建模式,如梁设置的尺寸大小,采用哪种形状的树木,其室内的小梁用哪种材料或带结疤的树木,都有明确的规定。道孚胜利村村民家底层的小梁基本上都用结疤较多的小松木穿插,它们体型小,粗糙无比,但二层的梁却是粗壮光滑、疤节少的桦木。道孚崩科建筑为了树干颜色相似,也会选择采伐树龄和生长地点相近的树木。道孚地域的建筑做法相同,工匠不用图纸只凭经验

图 4.1　树干沿主墙四周架立

和目测建造房屋,形式和空间布局基本一致,只有面积和装饰稍有区别。这些营建房屋的观念和方法全部都刻在每个工匠的脑海里,因此道孚崩科建筑的结构形式相同,这也是当地传统造房的标准做法。

　　道孚崩科建筑一般采用井字形,通过梁柱、木枋十字穿插连接,然后构成紧密咬合的井字形,这种结构属于空间构成较实用的架构做法。据传早在原始社会,人类的祖先就以这种做法在地面建造了穴居的结构形式,他们在地面挖坑,再在地上用木梁支撑顶盖,下面四角各立木(石)柱,以藤条绑扎束结,构成半穴居的建筑雏形。在我国古代的四川、云南等地,历史上就出现了穿斗式结构的建筑形态,这种特殊适宜的建造做法,是枋穿于柱中,用短枋、短柱支撑着两坡斜顶,从而便于迅速排流雨水。与此同时,在我国古代木质建筑的结构体系内,还有一种梁柱与木枋结合构成的抬梁结构,它在我国北方地区形成,并且这种结构发展十分完善。四川道孚崩科建筑结构与这些结构做法也有一定的历史渊源。因为藏族奴隶制时间较长,从公元 7 世纪就开始进入奴隶制的集权阶段,当时松赞干布统一大吐蕃后,势力逐渐东扩,于是在南部同当时道孚区域的木雅人联姻,从而掌握了那些地方的权利;唐朝时,道孚地域就归属于吐蕃管辖,此时民间交流开始频繁;在宋代,道孚成为"茶马古道"的重要驿站,宋军为了寻求更多战马,与北方女真族建立的金朝作战,他们就在蕃地购买大量用于战争的马匹,其中道孚的良马便成为茶马互市的主要对象。汉族房屋的抬梁与穿斗两种结构形式应该就是在这些活动中逐渐被带进西南偏远的蕃地。

梁柱结构还未被道孚地区采用前,该地域民众建房一般使用生土和木料修建,后来才逐渐发展成为井干式结构。据载:"墙体主要有木骨泥墙、卵(毛)石墙和井干式木墙三种类型……柱基构造主要采用明础(垫扁石)、挖坑栽柱、改进柱基、暗础回填四种类型……穴底、穴壁涂抹草拌泥面层,再进行烧烤,形成坚固的烧土层……三是外墙和内壁均采用木愣子构筑成井干式墙身,作为防潮措施。"[19]到了元代,道孚已入中央版图,此时元代在该地区大力提倡喇嘛教,其寺庙建筑与宫殿所用的材料、结构相同,抬梁式结构在元代继续沿用,并得到进一步发展。作为藏传佛教的寺庙在当时地位极高,其建筑形式、结构也就采用了宫殿般的梁柱结构形式,那些建造手法与构造技术随着喇嘛教流行于民间,那个时期吐蕃民众也向往这种结构形式,在他们生活的建筑中当地工匠渐渐运用了汉族的一些建造方式。他们结合本民族的习俗与当地环境、气候等条件,慢慢融合与改造,增加结构件、木柱数量,最后形成了今天道孚崩科建筑的结构形式与做法。

道孚自古以来就有浩瀚的森林与草原共存的特点,不缺乏建筑用的木材,因此自然出现了用木料建造房屋的做法。千百年的时间里,木质框架结合石块砌筑就构成了当地传统造房的结构特点,其形式在历史上不断演化,成为今天大家见到的崩科建筑结构体系。

4.1.1　道孚崩科建筑结构图

道孚崩科建筑常采用成块的毛石砌筑墙体,并与木柱、枋条(欠条)、木梁、木墙混合构成结构整体,它类似于四川省西部"井干式"的结构做法。基本上沿木梁和穿枋的纵横方向扩延空间,整齐有序,常常按照当地建房模式,以开间、进深大小而定;房屋开间常在(传统崩科)2.2~(现代崩科)5.7m;进深在(传统崩科)2.3~(现代崩科)9.0m;一层、二层层高不等,一层约为2.3m,二层较高,为3.0~4.5m。两层的结构剖面图形见图4.2。当地少有三层及以上结构,形式和周边藏区民居略有不同,这也是道孚崩科建筑的一大特色。例如,笔者曾经带领学生在鲜水镇团结一村的村民家测绘其结构平面图,发现其家中房屋结构清晰可见,反映了道孚结构平面图布局的情形。

因为道孚本地风大寒冷,木材运输长度有限,建筑主体结构又为木料,且要求其坚固和安全,所以当地崩科建筑均修建两层。如果改用石头建造,那么当地人就可以修建三层或更高的建筑了。

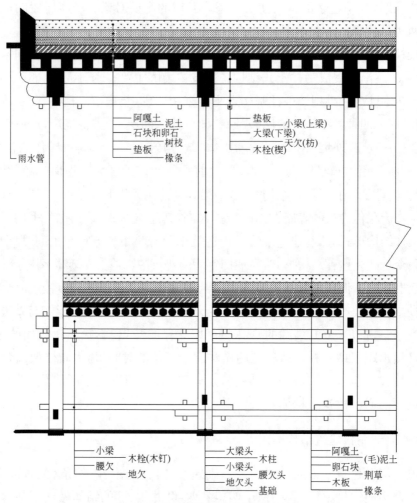

图4.2 道孚崩科建筑的结构剖面图

4.1.2 地基与基础

道孚崩科建筑的传统基础一般都较简单。工匠师傅现场勘地后，全凭经验考量地面硬度是否适合建房。如果可行就在场地上放置石头，作为建筑最初的基础，假如地面非常好，他们就不做基础，直接在地上立柱子；倘若地面不平整，他们就根据地势高低开挖地表，其深度较浅，一部分埋置于地下，另一部分凸显于地上。致使道孚崩科建筑的基础几乎裸露于地面上，经过工匠简单的加工和修整，最后成为道孚崩科建筑木柱的基础，这些就是当地人继承下来的传统做法。

而现代道孚崩科建筑的基础常作条形,在结构的功效中条形基础较适合于低层建筑的承重,它造价不高,稳定性强,受荷载和力均匀,是非常合理的结构做法。条形基础下面的地基、持力层为地层结构的老土层,其厚度通常在1.5~2.0m,该土层深浅不一,常常是根据当地工匠直觉判断其承载力。基础开坑宽度约为1.0m,由于地基土层十分坚硬,它类似于冻土层,未扰动、开挖过的土质始终保持着超强的密度与硬度,具有很好的持力作用,因此当地人建房一般都不需要在土层下面设置石块或浇筑水泥等材料。地基是指建筑物下面支承基础的土体或岩体,是承受上部结构荷载影响的那部分土体。道孚崩科建筑一般是木柱和墙体混合承重,这与它的结构体系相一致,木柱置在下面的基础上,使其力的传送都能到达各个地基部位,从而让木柱完全支撑地面两层左右高的建筑体量,而建筑石墙仅起保温、隔热、防护和围合等功能作用,墙和柱都建造在地基上。

道孚崩科建筑墙体的基础是用黄泥作为黏结材料,以毛片石作为承重骨料,采用堆砌的方式,错缝叠筑,它们充分利用各类片石的不同角度和斜度,相互交错叠加,使其墙体在任何高度都能保证各自的平整度,保持基础整体的稳定性,这样层层相叠,直到地坪位置才内收为墙基的厚度。基础剖面形式为矩形,但地面以上的墙体剖面却类似于梯形,向内收分的角度常常根据工匠的眼力与模式而定。然而,道孚崩科建筑的基础非常浅,大概在0.5m以内,甚至许多建筑不做基础,视工匠对土层质量和硬度的把控,看是否达到地基标准,而后直接在地面挖出浅沟叠筑墙体建造崩科。

4.1.3 墙体和柱子

道孚崩科建筑的墙体厚度较为统一。在笔者对村寨的调研与测绘中,发现外墙厚度均为0.5~0.6m,墙体采用毛片石砌筑,以黄泥作为黏结材料,所有材料就地取材,成本小,运送方便。位于底层的墙,在崩科体系中不承重只起围合作用,那些墙体被砌在木柱外侧或是包围木柱,与柱保持在一条墙轴线上,同时墙体不高,为3.0~3.5m,达到防晒、防御、防寒、保温和护木的效果(见图4.3)。当地工匠在砌筑房屋的墙体时常常会让它与木柱之间留有一定空隙,约为0.07m,不会把墙体紧紧靠在柱子表面,这种做法是为了预防当地突遇地震灾害时,墙体倒塌,而不会危及崩科建筑构架中室内各个木柱和相关构件的稳定性,起到向外垮塌的结果,不会危害住户的生命和整个房屋的安全,对建筑主体

图 4.3 砌在木柱外侧的墙体

也不会造成巨大的破坏。

建筑施工前,修筑房屋的材料一定要备齐。从备料开始,要有 2~3 个月的时间。其中木材是最重要的建筑材料,因此道孚人会提前几年或十余年就开始准备。目前,道孚山岭中的树木已不允许随意砍伐,其建房的木料就显得十分稀少,倘若现在修房,建筑木料就只能用以前准备好的木料了,如果未作准备,主人家就只能到别的县域购买,再找货车运回。但像土和石块这些材料,一直都是就地取材,主人请邻居和亲戚帮忙背运、调和,随后一起修建房屋。

道孚崩科建筑墙体的整体性较好。该地一直采用方形的框架式结构,当地人俗称"箱式房屋",以"一空"为单位进行建造。它的一空是 2.2m×2.2m 或 2.5m×2.5m 等,近似方形,面积 $5\sim7m^2$,由纵横穿插的梁柱构成,一幢建筑少则 10 空,多则 40 空以上。其间最为突出的主体是纵贯两层高的立柱,又名通天柱。通天柱由粗大而笔直的树干担当,首先,此种木材一般为桦木、杉木,其木质在道孚地区及周边易找到;其次,木材质地坚硬,不宜被虫蛀。道孚崩科建筑占地均在 200~500m², 面积大,结构稳定,房屋最外一层的柱子间,当地工匠常在 5~10m 的距离内,用厚一寸多的"欠条"相连。这里的欠条是指枋条或拉筋,分为上、中、下三个位置,上面的是"天欠",中间的是"腰欠",下面的是"地欠",三个欠条都镶入柱头。工匠在柱头上打进一根长约 0.2m、大小为 0.03m×0.03m 的木栓子,目的是把这些欠条压紧、拴牢,通过此种做法防止柱与欠条之间松动。据说:"1981 年道孚 6.9 级大地震后,人们看到使用了天欠、腰欠、地欠的房子没有倒,这种结构遂普遍应用到民居中"[15]。这证明了使用这种欠条的结构是结实和稳定的。同时,房屋内部的枋条在柱头交叉连接,其上面梁又相互咬合穿插,由长约 1m、大小为 0.06m×0.07m 的木条从上而下贯穿整体,将梁、枋锁牢固定,从而建筑中每个构件都是有效地按照榫卯节点方式相互结合,形成了道孚崩科建筑木构体系牢固的特点。

  道孚崩科建筑的内部由两种结构或多种材料组成。一种由木材穿插组合,交叉形成,该结构当地人俗称"灯笼架",也是崩科结构架,它是由整木从中间剖开,一分为二,组成崩勒,搭置成箱式的密排勒墙。这种结构由粗壮的圆形实木为立柱,柱子做成通向两层高的通天柱,柱子间穿枋,上再置大梁,成为一"榀"构架(见图 4.4),梁顶面密排细木椽条作为横架,这里的榀为梁柱组成的单架。两榀通过枋的连接就构成一空。柱子与柱子之间再用穿枋和欠条相连固结,以替木为中介过渡,把木枋和柱子连接,而后梁架上铺椽条,至此道孚崩科建筑的屋盖部件就完成了。如今,为加大稳固性,当地人在梁上再置一道小梁,有时还得增加檩条,当地工匠俗称它们为"地嵌式锁脚"井字形屋架,最终起到加固抗震的作用。

  骨架构建好后,工人再把挑选的木料(一般都是圆木)从中间劈开、刨平,光滑的一面向内,圆凸形的一面向外,按照大小一致的方式横向叠置,排列成墙壁。此种构造做法在道孚崩科建筑中被分成两类:一类俗称为假崩科,就是木墙没有穿过柱子,是嵌入立柱凹缝内的,在墙外看不到突出部位,这部位被当地人称为"耳朵",也叫崩勒;另一类有"耳朵"的被称为真崩科,它是勒墙由原木互相咬合搭接而成,木头断面也暴露在外,当地人用石灰刷在端头面上,就形成白色的点,具有强烈的装饰效果,其墙体构架也更加结实(见图 4.5)。如果四周都以木墙组成,屋盖为平屋顶,被称为单纯式崩科;如果仅有两至三面是木墙,而剩下一面或两面是石砌墙或夯土墙,则被称为复杂式崩科。

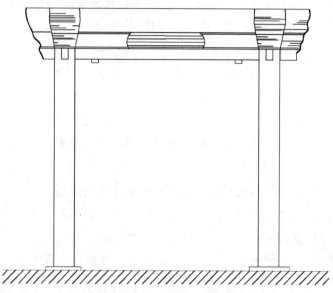

图 4.4 道孚崩科建筑—"榀"构架图

另一种结构就是混合崩科。历史上道孚这块地域发生过多次地震,为了人的安全和建筑的坚固,当地居民在以前低层平屋顶的基础上进行着不断的改进和完善,如今主要以石砌墙或夯土墙做底层,再用木材作为楼层主体,目前崩科结构的两层楼房已成为道孚民居的主要形式。

道孚崩科建筑的施工过程中,房屋墙体高约 3.0m,其内 1.5~1.6m 高处放入一道木质圈梁或横筋。调查中笔者发现,那些横筋和圈梁一般都设置在底层楼盖的下方,有些特殊的墙体部位还布设几层横筋,这主要是由于墙体不承重或旁边有过梁的缘故。横筋为圆树干,直径大小常为 0.1m,不经加工,直接剥下树皮放置在上面,非常简单;有些使用方木,大小为 0.1m×0.1m,所以道孚房屋的墙体厚度能达到 0.6m。横筋设置的位置常在墙体内侧,与外包围的内柱同面。道孚崩科建筑墙体的底层开门洞和窗洞,朝向南面、东面或北面,而朝西面较少设窗口。一般门窗洞口都不大,有些门的高度约为 1.7m,宽约为 1.3m,门上面置木质过梁,过梁的支撑长度常为 0.2~0.3m,或者更长,进而窗上的过梁也是如此。当墙体内侧的圈梁通过过梁时,当地匠人常常把两梁合二为一,共同承担它们的功能。在墙体砌筑过程中,道孚崩科建筑房屋内墙转角处,沿墙体高切角的斜面部分常设置一块非常大的片石作为角隅,大小为 0.4m×0.5m,厚度为 0.3m,凭借它来固定墙角。

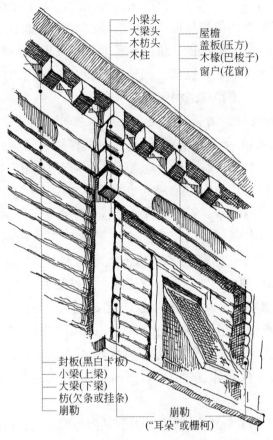

图 4.5 道孚崩科建筑墙体木构件

4.1.4 楼盖与屋盖

道孚崩科建筑的楼盖与屋盖均采用木料制作,即为木质楼盖和木质屋盖,它们的组成都采用木柱顶上放置大梁、密椽条、渣草、树枝和黄泥等材料。近年来,道孚地域的楼盖与屋盖构件在不断增加,层数也在增多,增加后的梁已是二、三层,它们全是大直径的柏木或杉木。各类木梁呈圆形,经过工匠的劈砍和刨削,树木就变成了近似方形的大梁。大梁截面常常为 $0.3m \times 0.4m$,上面涂刷清漆两道左右,外观发亮,成为木质纹理清晰的梁。如果是两层,上层梁的尺寸略微大些,其截面约为 $0.3m \times 0.45m$,下层大梁纵剖面一般略微小些。木梁之间距离为 $2.3m \times 2.3m$,$2.4m \times 2.4m$ 和 $2.5m \times 2.5m$,上下梁置于木柱上,柱梁通缝,以剖面 $0.03m \times 0.04m$ 的木梢纵向贯入柱端连接系牢。木梁上置密排的椽条,椽条由直径0.1～0.2m的木棍形成,它们数量众多,一般是桦木、杉木或柏木;施工者常选用笔直易加工的木料,较少选择废料或难加工的树木,椽条之间距离为0.15～0.30m,同一方向和跨度的椽条规格大小相仿。椽条长度为一榀,跨度为2.2～2.5m。这些是当地工匠世代总结出来的模数单位,易加工和确定面积,还有能把控建造时间和造价等作用。

道孚崩科建筑的楼盖铺叠做法及形式基本上与四川省甘孜藏族自治州和阿坝藏族羌族自治州的藏族民居相同,依然延续密梁和密椽做法,木椽条垂直于大梁方向密铺,然后其上有小椽条垂直于木椽条密铺,用于填补底层的空隙,使其密实不宜漏缝,而后不影响上层铺垫的泥土、树渣施工。小椽条选用较随意,各类树木的边料或树干、树条都可以使用,全凭当地工匠的经验决定它们的大小、粗细,所以此层的材料没有经过修整。密椽上层铺设渣草和树枝、灌木条,一般都是从山间道路采伐的灌木枝条、棘枝之类,这些材料韧性好,干燥后具有隔热、保温、防湿和隔声的作用。干枝和枯草铺置的厚度为0.1～0.2m。其上再铺上一层碎石,碎石层厚度约为0.1m。随后就可以用从山里挖来的一种黏性大、质地细腻、酥松的土壤铺盖,土层厚度约为0.05～0.1m。当地人先用细筛工具过滤土壤,滤出细而密实的黏土用作填充层或称为找平层,再用背箩、木桶等工具背运到楼层或屋顶上经大伙碾碎、细心捶打,平铺于该层,当地人将这种土壤称为"阿嘎土"。

在实地调查中,笔者与测绘的学生经常看到当地妇女挖掘这种土壤的情景(见图4.6),她们基本上都认识这种土壤,并且懂得如何挖掘出优质的、细密的阿嘎土。这种土壤位于地表种植土和地下岩石层之间,数量稀少,而且地点均在山腰间,要获取阿嘎土,人们要挖出土壤外层,弯着腰并且蹲着身,用手中的小锄头慢慢地挑选出该土料,取得一定量的时候就运送或背到建筑工地上。如果取土地点离房较远,就选用小货车或拖拉机运输到屋前,再由建房的工人一起帮忙搬到楼(屋)盖上。寻找和挖送这种阿嘎土比较耗时,一般需要半个月至两个月的时间。

当屋盖的阿嘎土铺到0.1m以上时,大家一齐喊着口号,用木棍或木冲夯实,再经捶打,使得该层土质坚固、紧密,能保证五年内房屋不会漏雨,达到耐用的效果。其实在阿嘎土层和找平层(毛土层)下面还有一部分,那就是道孚崩科建筑独特的构造层,该部分厚0.1m左右,放置一些卵石或小片石,当地人会选择大小相似、质地相近的石料,并按照平实的原则简单铺上该层。碎石的作用主要是为了压紧下面的渣草层,起到隔湿、防潮的功能,更有阻隔来自屋顶外的

图4.6 挖阿嘎土的藏族妇女

湿气和凉气,保持室内温度的作用,可以称为保温层。根据考证,《新唐书·吐蕃传》中记载:"屋皆平上,高至数丈"[20],从中便知在公元7～9世纪的吐蕃时期,当地就有了平顶这种屋盖做法和形式。除此之外,道孚还有一种屋顶,就是汉族地区普遍采用的两坡顶,由于该坡顶形式的内部结构做法与平顶屋盖不同,此屋顶比平顶工序简洁,但不保暖和防寒,它因道孚县海拔在3000m以上,昼夜温差大,除正午外,其余时间都很寒冷。该地域具有四季无夏、全如冬天的感受,所以平顶非常适应这个地区崩科建筑的环境需要,而坡顶较难使用,于是道孚当地人就不约而同地采用了平屋盖。虽然现在道孚县城也出现了部分坡屋盖建筑,但这种屋顶形式是在他们早已建筑的平屋顶基础之上加建的(见图4.7),而并非是直接建造的两坡顶。

屋盖比楼盖复杂,虽然两者工序相同,但各部分的厚度却不同。屋盖的面层采用阿嘎土,拍打夯实后尽可能防雨和排水,其厚度可达0.1m;面层以下是毛土层(找平层),厚0.2m,起到找平垫层的作用;在这两层之下的碎石层有过滤的作用,有些道孚崩科建筑的屋盖未做此层,这都要视地点、气候和经验而定;屋盖的密椽排列整齐有序,工艺讲究,色彩图案丰富,是和楼盖区别最明显的部位。楼盖只作为楼层之间的分层,为建筑承重部分,其厚度较薄,而且它重在日常起居使用,因此楼盖的木梁及椽条小,密椽不够整齐,上面铺设有树皮或刨花,从一楼看上去,楼盖底部的桦树皮清晰可见(见图4.8)。调查中发现,当地家庭条件较好的村民会在楼盖下加一层树枝、渣草之类的垫层,反之家庭条件差的会

图 4.7 增建的坡屋顶

图 4.8 一楼楼盖底部的树皮

少做此层,直接进入上一层,铺上阿嘎土并细心捶打夯实就可以了。土石情况要根据工匠的目测判断和经验决定,拍打夯实后有些土层可直接作为室内楼面使用,该层做法也类似于汉族地区三合土或夯土面的方式,还有一些富裕的家庭要求在本层上面铺设木地板。地板材料为实木错缝铺装,下设木龙骨,地板上漆,起到保护木材和美观的用途,同时也形成华丽的室内地面装饰。调研中我们还发现过去木地板对缝不够整齐统一,做工显粗糙,甚至有些还表现出凌乱之感,而如今道孚家家户户的木地板都是采用工业化的地板成品,形式色泽一致且构造合理,所以新的道孚民居室内地板的工艺和装饰更好,而且平滑整洁。

4.2 道孚崩科建筑的构造

道孚崩科建筑在藏族民居中具有独特的造型特点,还有别具一格的构造手法,它们的形态平缓舒展,像是一个憨厚踏实的耕作者,没有一点轻佻浮躁之感,建筑真实可信,创建了独具魅力的川藏民居建筑风格。外在的形式以方体为主,简洁大方,平面类似于正方形,这正如现代主义建筑大师柯布西耶说过:"轴线、圆与正方形都是几何体的真髓……几何体是人类的一种语言。"[21]虽然道孚崩科建筑仅仅是几何体,但材料的组合与构造的技术应用,使得这简洁的形体看上去十分复杂,像是包含与交融的结果,富有生气。

道孚崩科建筑的剖面类型较为丰富,它由两层空间构成,上下结构对齐。从底层的各个立柱直通屋顶(见图4.9),柱子间的距离一致,一般为2.3~

图4.9 各个立柱直通道孚崩科建筑屋顶

2.5m,全是木柱、木梁和穿枋(欠条)组合。两层房屋功能空间并未对应,因为这是道孚藏族文化和生活习惯决定的:一层用于养殖家禽,二层供人和"佛"居住。故而一层空间开敞自由,形式不定,每根柱子裸露出树干形态,无任何装饰;二层空间的墙、门、隔窗全部齐备,装饰多样,有些装饰还画上吉祥八宝等图案。当地村民说:"这些画是专门请画师来画的,每次只能画半个月,因为工价太贵。如果没钱了,就要等攒足钱后下次再请他们来画,这样直到完成整个建筑的室内外绘画为止。"当地的室内装饰绘画经常被分为多个阶段,一般需要5~10年才能全部绘制完成,这是道孚藏族人一辈子的精神支柱和居住需求。

4.2.1 一层剖面构造

道孚崩科建筑的内部剖面形式为矩形(见图4.10),其形式变化少,该地区的民居家家户户都相差无几。例如,当地村民的家,其建筑两层,是20世纪五六十年代建造的。它古旧厚重,建筑采用传统构造方法,其上少有现代机械加工的痕迹,都是工匠手工制作的构件和建造的界面。建筑剖面为一字形,纵向八根柱子,排成结构柱,全部为直径0.3m左右的圆形树干,外皮剥离,非常光滑,它们由横向的枋穿插和楼顶的梁搭接成"架",由两架组成一空,两排八根共计7间;纵横间距相近,略有少量出入,一般在0.2m内。柱架最有特点之处在于,道孚崩科建筑的梁枋和其他藏族地区民居的构造有所区别,枋条与柱子可以错位钻孔连接,同时道孚崩科建筑在剖面中呈现梁、枋竖向贯通的构造做法(见图4.11)。首先,柱子之间有枋条,类似于现代建筑的拉筋,直接穿过柱子中的空洞,两侧用木钉榫卯固定的目的是不让枋柱活动。枋(欠)上就是小梁,两者以木楔结合,梁的剖面形式为矩形;其次,为了固定纵横梁间的密合关系,道孚人就在小梁和下面枋木竖向的两端穿孔,然后把一根根坚硬的木楔打入孔

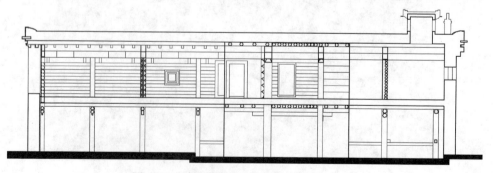

图4.10 道孚崩科建筑底层的矩形剖面形式

内,用榫固定梁枋使它们变得更加结实。这种传统方法也拉紧了柱与柱之间的连接,让柱与梁更加坚固。

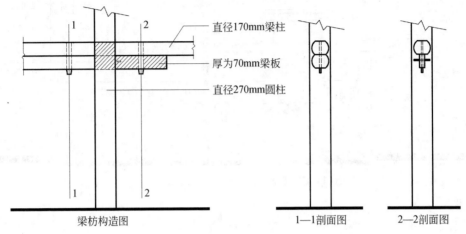

图 4.11　道孚崩科建筑底层梁枋贯通的构造做法

4.2.2　楼盖剖面构造

　　道孚崩科建筑的楼盖结构是由一层的梁柱构件组成的。建筑的东南部分是二层平台,其余部分是二层的房间。平台位置的梁、椽结构清晰,而当梁穿于室内房间通柱时,梁却变成了腰欠(穿枋),上面依然密铺椽条。如果单独辨认室内结构中这部分构件,也可以把它们当做檩。然而此处是以梁和枋为支撑主体,因此作为小梁上的构件就是椽(纵横椽条)。小梁之上的剖面形式,表现在有节奏的白椽条上,它们的直径比柱子小许多,这些椽条整齐划一地排放在梁上,之间有一定的间隔,大小约为 0.3m;椽条去皮,建筑的一个空内放置 7~9 根,剖面图呈现强烈的节奏感,其与梁布局的效果相似,也是疏密有序的对比关系(见图 4.12)。

　　密椽上铺一层 0.02m 厚的垫板(该垫板一般用木板铺盖,但经济条件差的房屋就用小树干铺设),垫板上面自由铺设树枝、刨花或灌木干枝等,厚度为 0.1~0.2m,才能保温隔湿,此种做法也便于上面铺放碎石和夯土,同时又能阻止夯土内的潮湿不会侵蚀下面的木板。随后铺上一层卵石或碎石块层;接着就地取材,铺上毛土,但要求其土质干燥且无植物根茎等有机物,厚度约为 0.2m;当房屋的柱间距较大时,这一层还必须加上纵横的田字形木框架,以帮助拉紧梁柱,再按区域铺土,待土层铺好后,就在上面撒上一些碎石块,要求厚度小,它主要起垫高和透

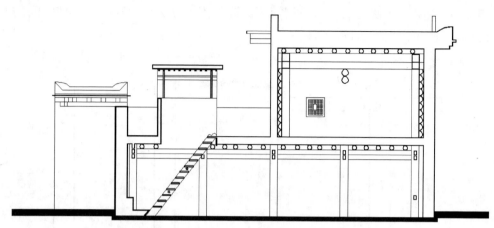

图4.12 道孚崩科建筑楼盖剖面构造形式

气的作用,有利于下面土层中潮气的散发。最后铺一层较细的面层——阿嘎土,如果室内二层要求安装木地板,就需要在阿嘎土上面再做木龙骨铺上实木地板。整个剖面构造形式复杂而规则,这也是道孚藏族人惯用的楼层构造方法。

4.2.3 二层剖面构造

道孚崩科建筑的二层剖面内部构造与一层差别较大。一层主要是夯土面,墙体剖面是土石错缝叠筑,相对简单。但道孚崩科建筑二层完全展现了道孚民居的构造形式,该层墙面的构筑与空间划分是采用把树干从中间对半劈开的木料,它一面是半圆形,另一面是平面,这被称为密勒、崩勒,类似于骨架中的肋骨,既有填充与密封墙面的作用,又有分割空间的功能,以及让梁、枋固定屋架的构造作用,到了冬天还兼有保暖的功效。二层的三面或四面墙体上部分密勒整齐嵌于柱槽内,道孚崩科建筑柱身上开凿有笔直的凹槽,工匠把每根勒木修整得一样长,然后镶入柱槽内,如果是墙角位置,就再用一根辅柱卡住它们(见图4.13),最后密排构成实用而美观的木墙;还有部分木勒构成井干式墙,倚在立柱内侧,形成木墙,这是道孚崩科建筑最有特色的构造。

屋盖(屋顶)的构造及剖面比楼盖要复杂一些。一般屋盖顶面由三部分构成:第一部分是枋木联结四柱,组合类似圈梁的形式,其体型小,同一层的小梁相像,剖面为矩形;第二部分是屋架大梁,它被放置在柱子的顶端上,柱顶端挖浅槽(企口)与枋条相互叠置咬扣于柱头,呈十字交叉叠放,上面还有一层小梁,两层梁的端头挑出,呈直角三角形,外作蚂蚱头样式;第三部分便是屋顶,该部分是建筑最重要的构造,它由垫板层的枯枝、刨花层和垫土层、碎石块层和泥土

图 4.13　墙角崩勒与辅柱构造

层(阿嘎土)组成。整个屋顶构造做法与一层楼盖相同,枋上有大小梁,它们层层相叠,最下层为大梁,其上是小梁,两者以木楔(钉)固定;大梁之上叠置小梁,两梁剖面相同,小梁略宽于大梁,但受力方面大梁作用更大更重要,这也是道孚崩科建筑结构的特色。大梁分为两种构造,第一种构造是每架梁由三段组成,中间凹入剖面变小的为一段,其上绘植物图案或满涂浅红色,被嵌于两端的梁头中,而两端梁头各为一段,它们构造形式相同,与中间绘有彩画的这一段作凹榫镶嵌,宛若一体。另外两头同各与其相交的梁头叠置咬合,达到固定梁、柱构架的作用。第二种构造较简单,仅在通梁木上按照一定距离开凿和削切矩形成弧形的图样,表面再绘彩画。大梁落于柱头,为了固定纵横大梁间的密合关系,于是道孚人就在大梁和小梁竖向的两端与中间的位置同位开孔,而后把一块块坚硬的木楔(钉)打入孔内,用榫固定的方法使大梁和小梁融合为一体,让它们变得结实(见图 4.14),共同承载重量。

图 4.14　屋盖大小梁固定的构造形式

屋盖和楼盖的不同之处在于,各层铺设厚度不大一致,屋盖的阿嘎土较厚,构造也要严密些,这有利于屋盖的防水、保温、持久坚固。顶面的土层质地好,一般都要精挑细磨,施工中加入水,起到黏性大、屋顶结实的作用。遇到雨雪时,屋盖的土层不会受影响,它能让雨水迅速流走。同时,为了防止雨水从屋顶渗透到屋内,当地人要求这种土质不能松散成灰,否则建筑遇到大风时屋顶的土层就会被吹散,会影响建筑的安全和长久。

第 5 章　道孚崩科建筑的优劣评述

　　道孚崩科建筑以其独特的建筑风貌、建筑材料,以及建筑艺术被当做现代人观赏的景观,它是我国西南少数民族建筑文化的瑰宝之一,尤其是藏族民众建房技艺的载体,更是开发道孚地方传统建筑文化和了解道孚聚落的媒介,是当地人们生活与生产的居所,也是生活环境与行为习俗发展轨迹的反映。在我国少数民族村落中,道孚崩科建筑是四川高原地区藏族人聚居生活演变的历史缩影,对它们进行客观科学的分析,知晓其优胜劣汰的原因,了解建筑的结构技术和无用的技艺,做到有益的传承与创新,无益有害的果断弃之,不能一概地保留延用。

　　四川省藏族聚居区因自然环境和地理条件的独特性以及民族文化的差异性,形成了当地人的行为模式和建筑形式。长久以来,在这里生活的藏族人一直保持着他们传统的生活方式和建筑技术,其质朴坚韧的性格孕育着此片土地上人们同恶劣的自然气候作斗争的精神,并取得生存的共生权利,获得场所空间的发展机会。通过千年历史的发展轨迹,他们创造出适应本地区环境的建筑形态,那些形态和相貌丰富多样的延留至今。道孚崩科建筑就是在这样的历史演变过程中成长和发展壮大的,然而在今天的城镇化建设和全球日趋同化的双重影响下,部分具有鲜明特色的川藏高原藏族聚落和崩科建筑的形式正逐渐发生着变化,甚至有些已经消失殆尽(见图 5.1),这种发展势头不可阻挡,它的来临是社会经济进程中不可避免的,是一种进步的表现。何谓"进步",根据《现代汉语词典》释义,是指"人或事物向前发展,比原来好,同时也适合时代要求,对社会发展起促进作用。"[22]我国经历了数千年的文明发展,新时代、新生活是人类社会进步的表现,各民族、各地区产生了绚烂多彩的物质财富和精神成就,这个演变与进化过程表现为优秀成果延续发展,而落后或不适宜时代的物质文化不断被遗弃。作为人类物质财富和精神成就的道孚崩科建筑在道孚历史的发展中,既有优秀的东西,也有糟粕的部分,为了更好地保护这种民居建筑的特色和建造技艺,需要以客观的评价方法和科学求实的态度分析它的优劣,有益则致用、无益则抛弃。

　　道孚崩科建筑以粗壮的木料作为主结构,它体量大,常常是贯通上下两层

图 5.1 传统道孚崩科建筑消失的景象

的大圆木立柱(见图 5.2)。四川省这种民居形式的建筑一般只在少数民族地区树木繁多的森林地带才会出现。道孚人就地取材,采伐当地树木作为建筑的承重构件,构件上承托着大梁,梁上再密排椽条,构成基本的崩科式结构,以致经历了若干次地震,道孚县域的崩科几乎不倒,面貌如初,仅出现部分毁坏。一栋崩科建筑在房主细心的维护下,能用几百年。反之,如果不经常对崩科建筑进行打理和修补,十年左右围护墙体就会破损塌陷,更长一点,建筑内的木材会腐朽,直至破坏。因此,道孚崩科建筑的主人每年都会定期上房检查房屋情况,对其进行修缮。

　　道孚崩科建筑不仅是道孚人居住的生活空间,也是他们精神上的符号与归属,如家族的繁荣和传承、信仰和神圣的场所等,于是当地人会对房屋进行美化和修饰,像是对待自己的亲人一样,备加爱护。在建筑上面他们会用毕生的财富和精力,请画匠绘制彩画或涂饰(见图 5.3),达到室内装饰美观的效果。同时,道孚崩科建筑还是道孚藏族文化的代表,上面凝结着当地藏族人的工艺、文化、习俗和信仰,更有技术和艺术的反映;人们之间的族群关系、社会群体交往的逻辑表现——汇集在此,因此道孚崩科建筑发自于当地而繁荣于当代,并保持至今。据分析,它们适宜当地气候环境,因地选材,就地造势,融合了周围民族的优秀建造方法,形成了许多优点,与四川省其他藏族聚居区的建筑不同,呈现出自己独特的面貌。

　　然而随着现代建筑科学技术的发展,当今人们的生活方式与生存环境完全

图 5.2 立柱贯通上下两层

图 5.3 道孚崩科建筑的彩画

不同于历史的任何时期,传统道孚崩科建筑单一的农耕式功能早已不符合现代工业社会的生活需要。虽然道孚崩科建筑是川藏高原藏族人在漫长历史时期中产生的建筑,甚至是符合传统功能需求的民居形式,然而在当代,它们已不完全符合当代人的要求,需要对它重新进行剖析和评判,分辨优劣,科学地修建和改造道孚的民居建筑——崩科。下面将对道孚崩科建筑的优劣展开分析。

5.1 道孚崩科建筑的优点

道孚崩科建筑主要位于道孚县的鲜水镇、八美镇等城镇乡村,并散布于道孚及周围县域。从道孚坐车前往炉霍、甘孜、德格,沿路都能见到这类建筑,其形式方正,色彩艳丽,十分醒目(见图5.4),这些区域属于我国青藏高原的丘状高原山地森林地带,此处树木多,资源丰富,于是就出现了以木构为主的民居建筑。而在紧邻道孚东面的丹巴县,却不是这种民居形式,它们是石砌的碉房,表现出别样的景象。那里林木相对稀少,山上盛产石材,符合因地选材建房的要求,所以当地建造了碉房民居。而道孚盛产木材,进而以树木为主的崩科建筑就出现在道孚区域。相对土石建筑的碉楼和碉房,道孚崩科建筑就显得矮小多了,因它们受众不多,直到今天,人们才逐渐意识到它的珍贵,感受到它与众不同的另类藏族民居风情。这种风情有许多的优点,在四川省藏族聚居区乃至青藏高原都独树一帜。本节将详细分析道孚崩科建筑的优点,了解其优点的缘由,有助于科学地发展和取舍。通过前面的分析,归纳出道孚崩科建筑有如下五个优点。

图5.4 道孚沿路的崩科建筑色彩艳丽

5.1.1 道孚崩科建筑的模数化和程序化

道孚崩科建筑的发展历史长,成型时间较早。按照郭宏伟与毛中华编写的《西藏民居建筑(教程)》一书中吐蕃时期——西藏民居建筑的大发展,大繁荣时期的内容介绍"崩康(又名崩科),是藏东南森林地带特有的民居建筑样式……藏东康巴地区则以对半劈开的圆木筑墙,涂成土红色,平面多为正方形,屋顶为伸檐平屋顶"[23]。公元6~9世纪时,道孚崩科建筑就已形成现在的构架和形貌,而且平面多为方形,与现代道孚民居相近,其房屋受木材所限,整个建筑空间由4个空组成,约为5m×5m,其面积为25~30m²,长和宽基本相同。这种材料组合构成的空间是道孚崩科建筑的基本单元(见图5.5),一般呈纵横扩增,最终按照房主的要求结束。然而这也不是无限的,普通百姓的崩科建筑面积均在100m²以内,历史上只有道孚村寨的土司才会有财力和势力增建"空"数,面积可达200m²以上,相比普通崩科建筑的木材,其直径会更大,单个"空"的长宽就达到了2.5m左右,柱子和空间也增加了。但是归结起来,从平面和立体组成的空间看,道孚崩科建筑都是以模数化的方式架设,进而才有了房屋中室内空间的定型化和度量化。例如,西北位的空间设置成厨房,南面的空间作为起居室和卧室等,

图 5.5 立柱和梁枋构成的"空"

这些和其他藏族民居略有不同,它更类似于现代钢筋混凝土材料中框架结构房屋的筑造方式,讲究程序化和模数化,是一种快捷高效的建房方法。

道孚崩科建筑除了房屋主体结构是模数化外,建筑的选材也是模数化的。例如,墙体上叠置的半剖圆木的剖面半径几乎相等,均为0.14m,由十根左右叠压密排组合成木墙,起到防寒的作用(见图5.6)。在结构之余,还有一些建筑小构件也是模数和定型化的尺寸。道孚崩科建筑外墙在梁与柱头连结处,需要特意打进一根"栓条",固定两者才能起到结实不松动的作用,防止主体构件之间的松动,影响建筑结构的安全,这根木栓(木钉)一般长2.5m左右。建筑的围护墙体也是模数化的,其厚度为0.4m,高度为3m,大部分道孚崩科建筑均在此尺度范围内砌筑,因此建筑的结构和建筑构件、空间和建筑高度,还有建筑外形、色彩、图案等都有模数化的要求,它们是该类建筑千年发展进化的结果。

图5.6　半剖圆木叠置的道孚崩科建筑墙体

模数化与程序化在道孚崩科建筑上体现得非常清楚,道孚崩科建筑从选址开始,就有规范要求。房屋建造前,当地人要先请知名的风水先生或喇嘛在吉日卜卦,选择方位和地点,按程序进行每一步的工作,一直到道孚崩科建筑开始施工。在动工前,房主要先准备木料。依据风水先生(喇嘛)选定的新房的具体地点和方位,房主开始准备建房的木料,通常木料备齐需要2～3个月的时间。然后通知亲朋好友来帮忙,再请风水先生选择一个吉日正式动工。

可以说,从建房择基、奠基、立柱、封顶、竣工到乔迁等,道孚人有一整套程序。修房前工匠和参加仪式的乡邻由新房主人献哈达,敬青稞酒,有的地方还在地基不远处竖起一根带杈的木棍,上挂"经幡",这是当地人的风俗,其实这种过程的意义是确保房屋牢固和家人美好的祝愿;随后在房屋立柱上梁时,也要全体亲戚到场参加。立柱前,工匠将小麦、青稞、大米等粮食或珠宝放入一个小布袋中,置于立柱的基石下,再放立柱,立柱与梁搭接的交点上一般要缠绕五色彩布或哈达,上面放一些粮食、谷物,象征永固之意。到了铺屋顶时,全村的乡邻和亲戚朋友都会过来帮忙,大家聚集在一起压土夯实,举行封顶仪式,而且还要带上各自的酒、茶等礼物赠送给主人并献上哈达,向主人表达新房建设顺利的美好心意。直至房屋主体竣工完成,整个过程都是程序化的,虽然各个阶段的仪式都有一些迷信内容和唯心做法,但它也是道孚人在历史发展中遵循和坚持的程序化反映。

从道孚人的聚落选址到建筑的"空"数确定来看,房屋空间的功能布局也具有模数化和程序化,空是有序增加的。与此同时,建筑材料和构造均有规矩,在梁枋与柱子的构造上,通常以桦木剥皮后两头十字咬合、穿插与叠置在柱上构成双梁、双椽的结构(见图5.7),而后柱脚以地杆锁脚,这样既能保证屋架的坚固与相互支撑,又能保证建筑从上而下的重量和传递。最后便是选择一个搬家的良辰吉日,以及漫长的室内外彩绘和装饰程序。总体看来,每一步都有程序化的影子,模数与程序在道孚崩科建筑的施工过程中贯穿始终,这就是道孚崩科建筑完成系统化的体现。建筑虽然是技术实施的物质表现,但同时它也是文化和艺术的客观载体。技术有程序和步骤,而文化和艺术却是分阶段表现的,它们具有条理化、系统化的特点。所以道孚崩科建筑是技术、艺术和文化的集中体现,进而也是建筑整体的表现。

在道孚崩科建筑构件的构造和施工上,程序化同样非常明确。例如,在建筑用地方面,人们确定了地基,常常做浅基础或不置基础,只在地面标出有木质立柱的位置,然后用工具挖出一定深度的土坑,夯实后垫上基石且要高出地表,倘若地面倾斜较大(见图5.8),那么浅的或低的基础就要多叠置几块石头,直到各个立柱在同一水平面上即可,所置石块一定是坚硬的花岗岩之类。首先,建筑从下至上体量由大变小,保证立柱稳固地落在基础上,起到很好的防潮和耐腐蚀作用。其次,在每根立柱的一定长度上打槽,尺寸为2.4～2.6m,其上镶入腰欠,腰欠入槽后一定要超出柱子截面一点,而后再在柱与腰欠相交处打入木榫,固定两者不易松动,柱子下端靠近基础的位置以相同的方法嵌入地欠;立柱顶端用天欠连接加固,柱顶端欠条又名枋条(见图5.9),三欠条截面均为长方形,固定道孚崩科建筑的主体框架——"崩空"。随后再以0.5～1.0m长的

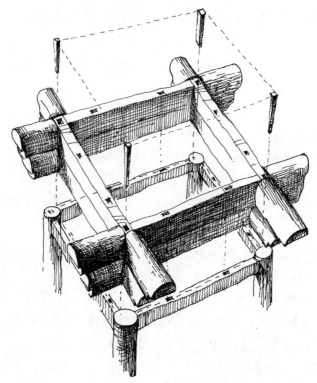

图 5.7　道孚崩科建筑双梁框架的组合形式

图 5.8　地面基石支撑木柱

木榫（钉）固定梁柱，构造简洁，荷载传送明确，类似于室内家具中衣柜骨架的构造做法，更像积木的搭接和组合方式，每一步基本确定后再进行下一步工作，程序化强,形成了一套合理的建构体系。

图 5.9　欠条固定柱梁结构

5.1.2　道孚崩科建筑因地制宜、就地取材和施工高效

道孚县域的地势特征为高山、峡谷、草原,是青藏高原、丘状高原向山地的地貌过渡带,属青藏高原湿润气候区,冬季寒冷,夏季温和,日照充足,昼夜温差大,山地最高海拔5820m,最低海拔2670m,平均海拔3000m左右,地貌复杂,河谷深切,地形主要为阶地。其间宽谷分布,河流蜿蜒,林木粗壮,建筑与地形气候环境紧密结合,营造出了特有的民居崩科建筑。当地崩科建筑的门户一般都开向东面,方便人们从东向西步入屋内,然而房屋实际的朝向却是南北方向,家中的主卧与起居室均设在南向部分(见图5.10),服务性的空间(如厨房、经堂等)都在北面。

道孚崩科建筑因地制宜地产生、建造和发展,从前面的章节我们已经知道该类建筑起源于窝棚或棚屋形式,发展于井干式结构,后又进化成梁柱结合穿斗的混合式结构。为何是两种结构的组合呢?这主要是由于道孚属于地震频发地带,

图 5.10　南向的道孚崩科建筑主卧与起居室

历史上曾多次发生较大地震,据不完全统计,1736~1990年,该地域发生地震21次,平均每隔12年就会有一次中强度的地震[15];而2008年汶川大地震更是对其影响较大,许多房屋部分结构破损,石砌墙体倒塌,造成人员伤亡,于是当地工匠就在传统结构之上以木枋或欠条固定柱子,以穿斗结构为基础引入双梁、双椽和双柱的抬梁结构做法,采用地欠锁脚的方式固定(见图5.11),让建筑达到抗震的要求,同时建筑刚度也增强了,然而由此建筑所需要的木材和造价也在不断增加。其实不难发现,改造后的道孚崩科建筑仅仅只是量的变化而结构并无质的进步。

　　当地人在复杂多变的地形上修建道孚崩科建筑时只需要将建筑的柱子落脚在同一条水平线的基础上即可,随后开始搭建工作。传统道孚崩科建筑较少建造一定深度的基础,建筑主要靠柱子和下面的石头(基础)直接传力给地基,而非条形基础,所以对地形的平整度无严格要求。因此,我们在道孚及周边部分县域经常能看到建于各种山地上的崩科建筑,形貌独特地散落在起伏多变的山地上(见图5.12)。它们对自然环境破坏不大,在不依靠建筑机械的施工下,仅仅靠人工修建的道孚崩科建筑就能满足人们居住的生活需要,这充分体现了道孚崩科建筑可以利用现有地形建造的灵活性。

　　受气候影响,道孚的冬季长夏季短,全年最高温度为29.9℃,最低温度为零下14.3℃,属高原河谷寒温带气候,形成了日照充足、气候条件好、物产丰富的自然情况,于是道孚人建造崩科建筑就顺应地势、因地制宜,无论是在高山、峡谷、河

图 5.11 地欠锁脚的加固形式

图 5.12 建于山坡上的道孚崩科建筑

坝还是在平原,都会选择以传统的木料作为承重结构的道孚崩科建筑居住。道孚崩科建筑结构灵活,适应上述各种地理形势,建筑冬暖夏凉,围护结构由两种组成,底层是较厚的岩石和土混合砌筑的围护墙,它们包裹着建筑的木柱或木墙,被称为土包金(见图 5.13)。二层全由半剖面的树干叠置成木墙,围合成房屋空间,厚度薄于底层,然而受季节温度的影响,东、南、北三方向全是木墙,保证白天接受阳光,晚上再释放温度给室内。我们曾经对道孚崩科建筑做过实验,在二层进行一定时间的室内热环境测量,道孚崩科建筑室内温度白天较平均,起伏不大,上下浮动约 2℃,而混凝土住宅温度差异较大,上下浮动约 3.5℃,可见道孚崩科建筑二层木材围合的墙体温度较平稳。除此之外,墙体木材还有很好的声学特性,具有吸收、反射、透射、振动、传声等固体特性,所以它是人们选择建房和装修的首要材料。道孚地域的崩科建筑在二层的北墙选用了大量木材作为围护墙体,一层则使用厚重的石墙围合。为了保证室内温度的稳定,墙体一般不开窗。只不过在当代城镇中由于道孚崩科建筑的使用性质发生了变化,当地人才在墙上开有小窗,但是他们会在石墙内壁增加木墙,就是为

图 5.13 道孚崩科建筑的土包金

了不降低室内温度。于是道孚崩科建筑通过房屋朝向和建筑材料的选用,克服了当地气候和地势条件的影响,起到了很好的保温防寒作用。

在采光和通风上,为适应当地自然环境和人们生活的要求,房屋南面和东面开大窗,数量多。窗户过去为木支窗,外挂幔布窗帘,既挡风又采光,到了晚上,家人关上木制窗户后布帘自然垂下(见图5.14),达到保温阻风和遮蔽的作用。而现在道孚崩科建筑中家家户户均采用木框的玻璃窗户,其采光好,室内也更加明亮,屋里的保温效果更好。再不像过去窗外悬挂的幔布有时遮挡光线,造成白天屋里如傍晚一般昏暗。上午人们常常打开一两扇窗户进行通风,吹尽室内的污浊之味和油烟之气,到了下午3点左右,又关上窗户,保持室内暖和。道孚崩科建筑的大门一般均在东面,主要是方便人们出入,而南面全部留给窗洞采光和通风;二楼南面有晒台和通向各个房间的主门,其外墙面上的窗户,白天全部开启使得室内通风和光线极好,冬天全家人围坐在屋内谈笑风生,可以充分享受透过窗户进入室内的阳光,感受它的温暖。整个南面窗洞因从木墙上开口非常方便,使得它们窗口的面积大,到了夏天只要打开南面的窗户,然后再把北墙上的窗户打开,家人就能立即感受到屋子里的凉爽。总体看来,道孚崩科建筑的门窗构件的位置布局适宜,大小变化多样,根据不同墙面和方向进行开设,可多可少,或大或小,从未做任何的满窗日照计算等,只要家人居住舒适、安全均可以呈现。道孚崩科建筑的二层墙面,由于整树干从顶端剖开平分为二,上下重叠拼实成墙,于是窗洞就显得简洁大方(见图5.15)。以前许多

图5.14 道孚崩科建筑的垂幔窗帘

道孚崩科建筑通体进深大,采光极不好,后来对房屋进行了改造,并适当扩大窗户的尺寸,改善室内光照,取得了非常好的室内采光效果。这就是因地制宜,适应当地气候日照的做法,通过二次建造获得最佳的自然光照,通风更好,更适合房屋主人的居住生活需要。同时,上述改造也让道孚崩科建筑的形式发生了某些相应的变化。

图 5.15　道孚崩科建筑木墙上开窗洞的形式

　　道孚地区林木茂盛,绿草如茵,植物品种繁多,是传统建筑材料取之不竭的地区。这些丰富的森林资源为道孚崩科建筑的就地取材提供了保障,这同藏族其他地区所遵循的原则是一样的。而林木少的如西藏藏西阿里地区南部民居,平均海拔 4500m,是青藏高原海拔最高的地方,那里被誉为世界屋脊的建筑。该地区属于西北半农半牧区,气候恶劣,无石材和树木,因此扎达和普兰地域的人们就利用当地独特的土林地质条件,因地建造,创造出居于山中窑洞式的民居建筑形式,还有房屋与窑洞结合的房窑民居。这些居住方式虽然显得原始,但在上千年藏族民居演变历史中也算是一种顺应自然、借势造屋的新模式。而木材多的道孚地区,其崩科建筑成为当地人以木料搭建房屋的主要做法,过去因道孚地区交通不方便,道路曲折险峻,运输工具又原始,建筑材料的运输主要依靠牛车和马车,其次才是人工肩挑、肩背和搬运的方式。致使其他地方的建筑材料不可能大批量地运到道孚各个地点,从而形成了传统的因地制宜、就地取材、因材筑房的营造体系。因此,过去人们建房都是利用身边现有的自然材料进行营造,通过生活的体会不断发现问题,从而不断地修正和完善它们。

道孚自古以来原住民就以砍伐当地的树木,运用井干式的结构筑造房屋的做法,形成了道孚地域最早的棚屋形式。当地的先民在此生活了上千年,直到梁柱与井干式结合后成为当地俗称的灯笼架——崩科(又名崩康),是用木材建屋,以石块砌筑墙体,黏结材料采用当地黄土,屋盖和楼盖施用当地的树枝、树皮、碎石块、棘枝或阿嘎土之类(见图5.16)。道孚崩科建筑因地制宜还有其他表现,例如,有些家人把碎陶片和小石粒打磨光滑后用细绳将它们绑扎起来做成一串串的,挂在室内墙壁上当作挂件装饰,处处呈现出就地选材、灵活用材的情景。

图5.16 楼盖施用碎石块和黄泥材料的景象

道孚崩科建筑主体施工速度快,主要结构在三四个月内就能完工,接下来是长达3~5年或更长时间的室内装修和彩绘装饰(见图5.17)。主体结构以"卡"为单位进行测量,柱距为13~15卡,即2.21~2.55m;层高为14~16.5卡,即2.4~2.8m。因此道孚崩科建筑的内外都以卡作为度量标准。有经验的工匠凭目测也能判断房屋的构件尺寸和结构的组合模数。通过模数"空"组成室内的全部面积,有大小10余空至80余空不等;后砌墙,铺土楼板,再盖屋顶,最后装修。这些细节反映了道孚崩科建筑的主体结构施工速度和顺序清晰的特点。

图 5.17　道孚崩科建筑室内装修和彩绘装饰

5.1.3　道孚崩科建筑体型小、结构轻质且分工明确

道孚崩科建筑体型小,平面长宽比为 1∶1～1∶2,开间与层高之比为 1∶3～1∶5,整体呈水平方向延伸,建筑的东西墙体面积少,受到常年自然风的影响就小,增强了室内的保温作用。道孚县域多风,全年冬天长、夏天短,导致该县域寒冷,于是保暖防寒成为当地人们生存考虑的重点。崩科建筑作为道孚人生存发展和防寒保暖的物质载体,它也是当地人安居生活的居所与地位财富的象征,因此道孚人把一生的精力、财力和物力都用在了崩科的建造上,以及室内外的装饰中。道孚地区的崩科建筑呈东西横向的低矮形式,它是在道孚的自然环境和历史进化过程中,不断由当地人总结出来的体型,这种体型受技术、材料和地貌的影响较大。虽然影响道孚崩科建筑体型的因素较多,但当地的气候条件与地势环境才是决定性因素。例如,道孚邻县的丹巴藏寨建筑,就因当地冬无严寒风力小,建筑依山而建,于是出现了许多高低不同的碉楼和碉房形式(见图 5.18),它们的高度均在 10m 以上,甚至更高,有居住和防卫作用。所以通过丹巴碉房所处的气候环境与地势情况可以知道,最后决定该地域建筑的体型大小和形态的是由所处的地势环境、气候条件及安全防卫等因素决定的。

第 5 章　道孚崩科建筑的优劣评述

图 5.18　丹巴藏寨的六角碉楼

　　道孚崩科建筑的体型形成缘由也如同丹巴藏寨的碉房一样,都是受各自地区的地势环境和气候条件等因素影响的。那些因素不是抽象的,它们是可以直接造成任何建筑破坏的,由此可见气候条件的影响力。气候条件中风的风速和风向对建筑室内的温度起着重要的作用。风向是指风吹来的方向。风速是指空气对地球上某一固定地点运动的速率,风速越大风力等级就越高,带走的热量就越多,其破坏性就越大。风向和风速可以决定道孚崩科建筑的室内温度是否适宜,因此道孚崩科建筑直接受风的东西墙面的面积就必须减小,适当压缩南北向的室内空间,以及整个建筑高度,保证迎风面小,使其室内被带走的热量减少。然而建筑室内要增加居住面积和纳入更多的阳光,就需要把道孚崩科建筑东西向加长,从而也就保证了室内的热舒适度能够满足家人的生活需要,以及室内热资源不会被带走等情况。这些因素是决定道孚崩科建筑体型小的主要原因。

风荷载的大小主要与近地风的性质、风速、风向有关,还与建筑所在的地貌及本身高度形状、环境有关,在复杂的高原河谷寒温带气候下,人们根据风荷载的大小来考虑道孚崩科建筑的高低和形状。而自然的地形、地貌等客观因素在过去是无法改变和决定的,尽管当地的条件恶劣,但是道孚的先人们仍然创造出了体型小和形状方正简洁的建筑物——崩科。他们祖祖辈辈生活在道孚,世代生息,把道孚建设成了高原上的粮仓。如今当外地人进入道孚这个地域往往都会产生一个共同的认识,那就是无论在平坝、山谷、山腰还是山顶的崩科,它们都体型小(见图5.19),仅在形状和高度上有所区别。并且尽量减小建筑体型比以避免风荷载对建筑安全的影响,防止大风速、风量对室内热舒适度造成破坏,从而达到安全和舒适的生活要求。

图 5.19　远望体型小的山顶道孚崩科建筑

道孚崩科建筑不仅体型小,还有保温防寒的节能作用,其墙体部分双层性具备一定的保温功能。建筑一层是由较厚的石块以土为黏结材料构筑的外围墙体,内墙由木料叠筑成墙(见图5.20)。木墙的低热导性使建筑的保温隔热率可达到90%以上,而热桥损失仅为10%左右,因此木材是一种天然健康且具有亲和力的材料,其保温性能优异,和现在普通砖混结构的房屋比较,节省能源超过40%,而且其保温性能是钢材的400倍,是混凝土的16倍。有研究表明,150mm厚的木结构墙体,它的保温性能相当于610mm厚的砖墙,所以人们称木材是绿色材料,是会呼吸的材料。道孚崩科建筑内外两种墙体组合,使得道孚崩科建筑底层的温度能保持稳定，而且受到二层东、南、北三面单层木质墙体的保护，虽然地面会略微降低室内的温度，但是它不会影响当地人们居住的室内热环境需求，这是由于二层的温度会传递到底层而足以保持室内的热舒适度。同时白天受阳光的照射，道孚崩科建筑墙体储存了大量的热量，到了晚上虽然室外寒冷，但是厚重的木质墙体能起到保温隔寒的作用，并且还能把白天吸收的热量再散发到室内。无论遇到何种天气，这种双重墙体与木材的保温性能都可以得到充分发挥，满足道孚人世代居住在崩科建筑内的需要。可见，道孚崩科建筑体型小，造型方正而简洁，其本身就有保温、隔热、透气和除湿的功效，而且又因木材的大量使用，更让道孚崩科建筑成为当地适宜居住的民居。

图 5.20　由木料叠筑的道孚崩科建筑内墙

　　道孚崩科建筑的结构具有轻质的特点，它体现在整体结构和用材组合上，其结构现多为框架与穿斗结合形式，两柱顶端用枋连接成榀，然后两榀之间再用欠条相连，这种欠条实际上也就是枋，四枋的每端做凹槽嵌入柱头十字相扣（见图 5.21），然后四柱固定即成为立体空间，这种形式当地人称为"灯笼架"，它犹如悬挂于屋檐下红灯笼的骨架（见图 5.22）。该空间被藏族人称为"空"，是道孚崩科建筑室内空间的骨架单元，也是第一个空间面积的骨架梁，该骨架是由柱梁构成；其骨架中有腰欠，柱子底端设地欠，欠条紧紧地拉住各个空间的立柱，从而构成了最初的崩科骨（支）架，该骨架犹如我国四川省汉族建筑中传统的穿斗结构（见图 5.23），这种结构在四川省汉族地区被大量采用。

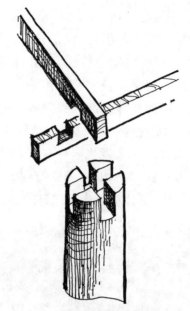

图 5.21　四枋各端嵌入柱头十字相扣

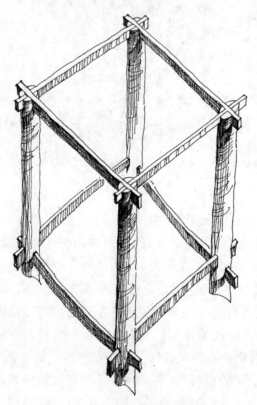

图 5.22　道孚崩科建筑的灯笼架

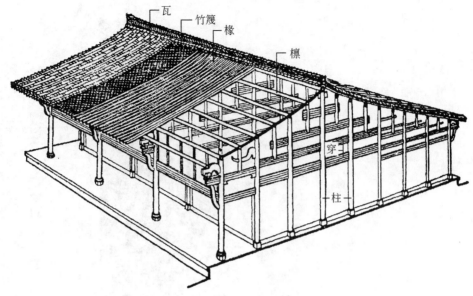

图 5.23　四川省传统建筑的穿斗结构示意图[17]

　　道孚崩科建筑的骨架基本是由桦木或杉木剥皮构成,整个树干通体做成承重的材料,如立柱、横梁、欠条、椽;边角料和废木料做成木榫、栓子、穿插件等。屋盖搭接时在立柱顶上放置梁,传统道孚崩科建筑是单梁,而现在一般搁置双梁,上下相叠,用长约1.0m的木榫贯穿上下通向枋(欠条)直入柱头(见图5.9),牢牢锁住梁,凸出的0.1m可提升崩科建筑梁、柱结构的整体刚度。这种双梁上再托椽,椽条有规律地繁密铺设,随后再是格栅或小树干,顶面铺板、阿嘎土等。所有这些构造是木材按程序组合形成的,相对于藏族其他石砌和土砖、夯土的碉房,道孚崩科建筑结构简洁、轻便,质地更适合当地人的劳动生活需要。道孚崩科建筑普遍为两层,楼盖做法同屋盖相似,只是二层楼面铺设的厚度和材料不及屋盖。此部分欠条上置梁,梁上铺木板或密条,目的是封住上面铺设的树枝或树皮,还有0.1m大小的石头以及楼面上泥土等材料;每层上下的交通由固定在室内东面或南面的楼梯联系,木楼梯设有固定的宽度尺寸,通常宽0.8m,有些为0.6m;踏高不一,完全凭木工的经验而定,一般为0.13~0.19m。道孚崩科建筑上屋顶(屋盖)的木梯还采用传统单木杆削成齿状的样子,供家人上下楼层(见图5.24)。可以说,道孚崩科建筑的骨架均是构件标准化、拼接轻质化的反映,它充分体现了道孚建筑的特色和优点。

图 5.24　上屋顶的齿状木梯形式

　　道孚崩科建筑的结构不仅具有轻质化的优点,而且各自的功能特点明确。它有承重的柱、梁和屋顶的椽等构件,还有围护的木墙、砌筑的石墙等,更有辅助的拉筋和固定的榫卯,每种构件功能清楚,同时人们在选材上也遵循了这些构件的特点。承重的梁柱选用竖直且粗壮的树干,其上要求无虫蛀和腐烂的痕迹,树龄适中,冷杉木为宜,辅助的欠条和枋木采用胸径约为 0.2m 的树干,要求必须结实;作为铺盖屋顶和楼板的木料,可选用梁、柱、枋削去的废料和树皮加工而成,起到变废为宝的作用。道孚崩科建筑是用桦树一分为二的树干作为墙体,有围护和美观的作用,它们的材料出现嵌补的痕迹,不会影响到建筑本身的承重功能和安全要求,因此唯一的标准就是根据条件使用。工匠把木墙打磨好后采用红漆涂饰,遮掩了那些墙体补缺的痕迹,因此在道孚崩科建筑上,人们看到的都是装饰整洁的外表,在其结构上体现了它们的完整性,表现出轻巧和材料质地美观的特点,更显示了道孚崩科建筑结构被优化和受力均衡的优势。

5.1.4　道孚崩科建筑平面布局合理、内部空间层次分明

　　道孚崩科建筑的平面受结构体系的影响,根据"空"这一基本结构空间和面积单位进行增减,一空的面积常常控制在 $5\sim7m^2$。道孚崩科建筑是由许多"空"不断纵横扩建而形成的房屋,建筑面积几乎是成倍增加的,因此就出现了 $150m^2$、$300m^2$ 甚至 $500m^2$ 的建筑。据了解,道孚崩科建筑平面的功能是按照当地藏族人的生活行为、习俗和气候环境而决定的。道孚崩科建筑通常为两层,底层常为方形或长方形,受道孚气候的影响,建筑开间大,进深略小,主要是为了白天能接收到更多的阳光,让室内白天明亮、夜间温暖;有的方形建筑会开间进深相等,其白天采光和夜间的温度效应就不及前者。道孚崩科建筑一般不设天井等这类中空庭院,因此底层的采光就仅凭通往二层的楼梯口取得一些光线,还有一层东、南两面墙上的窗口(见图 5.25)获得,尽管房屋内有部分光线,但是传统的道孚崩科建筑室内光线依然暗淡,一层留给人们的印象感觉十分阴暗,致使道孚崩科建筑底层只能用于圈养牲畜,放置劳动工具及生活中的杂物、麦秆、树枝之类,同时它兼具通往二层的过道和门厅作用。现在由于生活方式和劳动类型的变化,与传统完全不一样,过去当地人全靠自给自足的劳作方式,饲养大量的猪、牛、羊等家禽来保证全家的生活需要,而现在他们可以到城市工作,取得丰厚的报酬,再在市场上购买所需的物品就能够提供全家人所需的一切。如今在快速发展的城市化进程中,大量农业人口转移到城市,土地也渐渐缺失,于是该地域的崩科建筑也就成为城市房屋中的一部分,建筑底层不再需要摆放农业生产的工具和饲养牲口,一层逐渐被当地人改造为商店和客卧(见图 5.26)。笔者在调查中发现,已改建的道孚崩科建筑平面朝南方向往往变成了卧室和客厅,靠东面成为储藏间,而西面和北面的部分仍是堆放杂物的场所,东南面常作为上楼的过厅。

　　道孚崩科建筑二层平面有所变化,主要是供人和"佛"居住。因此,二层无论是空间分割、功能布局,还是图案装饰、色彩工艺都十分讲究(见图 5.27)。二层平面布局比底层丰富,内容多样。常见的平面形式有三种:田字形、凹字形和L形。L形最多,它的方形平面东南角房屋被切去,做成露天的晒坝,剩下东北角、西南角和西北角,共同与房屋主门的东南角卫生间相连,形成一种共享的

图 5.25 底层采光的二层楼梯口

图 5.26 道孚崩科建筑一层改造成商店后的面貌

室外空间(见图 5.28)。晒坝位于二层的东南方,面积约为 30m²,平日家人聚集在此晒些谷物、粮食和衣物之类;空闲之时全家围坐在一起聊天,晒太阳,或在夏天的晚上纳凉。此空间虽有如此多的作用,但主题还是用做家人进出房屋的路线和劳动生产空间的融合,也是二层和一层联系的垂直通道。

图 5.27 道孚崩科建筑二层的装饰图案和色彩工艺

图 5.28 东南露天晒坝与卫生间相连的室外空间

二层平面的空间,功能上分为居住的卧室和经堂。卧室为主体,有主人的卧室、老人的卧室、孩子的卧室和其他卧室。由于这些卧室的房间面积大,均在四空以上。而供奉藏传佛教佛像的经堂,房间面积可大可小,条件好的人家,经堂面积大一些,为 $30\sim40m^2$,面积小的也有约 $20m^2$,都是供奉本教派的主尊或释迦牟尼像,还摆放贡品、酥油灯、杯子等器物。当地人把作为经堂的室内装饰得犹如寺庙中的殿堂一般富丽堂皇,其房内壁画、唐卡应有尽有,简直就是寺庙经堂的浓缩版(见图 5.29)。经堂常常布置在二层的东北方位或西面方位。对外交流的半公共功能空间是当地人好客的集中体现,最能表达这种心意的空间就是起居室,其空间占二层面积的将近四分之一,位置一般设在南向,墙体东面和南面都开设窗户用于接受更多的阳光和利于通风,该空间内的家具装饰华丽,摆设整齐。家具主要以藏椅(又名卡垫床)和茶几为主,这些家具表面有精雕细琢的木刻和大量的彩绘,上面运用的装饰手段和形式一点也不亚于室内的墙面和顶棚面,可以说是道孚崩科建筑装饰的精髓部分。剩下的平面功能空间是辅助的服务空间,如厨房、杂物间和用餐房,所有这些空间一般都设置于室内的西北角或东北角,这些位置总体在二层的拐角处,常常还要视家庭的卧室和起居室而定,如果遇到此位置不能完全安排下上述空间,就只能改在别的位置,

图 5.29 寺庙殿堂般的室内装饰

如正北方位之类布置(见图5.30)。它们的面积较小,大约在$10m^2$内,这主要是高原上藏族人的传统生活习惯中厨房与用餐都集中在一个空间的原因,它类似于今天住宅的开放性餐厅,家人都围绕着炉灶而食,所以他们就未曾清楚地划分出餐厅和厨房等空间,导致过去道孚崩科建筑的服务空间少。而在现代建筑理论的功能原则要求下,今天的道孚崩科建筑已分出了若干个实用性的房间,目的是改变当地人传统的生活方式与习惯,有助于当地人科学和健康地居住与生活。

图5.30 室内西北角的服务空间

剩下的服务空间是远离主室的卫生间,它完全与L形的居住空间分离。即卫生间内的污浊废气与主室干净整洁的空间分隔开来,又有了生活安全、心情舒畅的布局形式。可是藏族其他地区碉房的卫生间往往是悬挑于房屋二层的外部(见图5.31),两种卫生间的功能一样,但各处的空间位置和建筑做法却不相同,这也是道孚崩科建筑平面功能布局的优点之处。

除此之外,还有底层庭院的平面布置。一般看来,该空间的平面在道孚民居中可有可无,常视房屋主人的需要和地势情况而定,并不是所有的道孚崩科建筑前面都设有庭院。从平面功能分析,道孚崩科建筑内部空间主次分明,大小有别,立体的空间同藏族传统的生产劳动一致,底层放杂物,圈养家畜,二层为人和"佛"居住的地方。道孚崩科建筑较少建三层,这种两层木构建筑在其他藏族聚居区(建筑一般被修建成一层或三层)还是很少见到的。邻县丹巴甲居

图 5.31　悬挑于碉房外部的二层卫生间

藏寨的碉房均建三层,底层功能相同;二层只住人,不住"佛";三层是"佛"居住的地方,同时晒坝也搬到了这层。从立体竖向的空间分析,两种房屋的功能和形式不同,相比而言,道孚崩科建筑的功能和面积更紧凑,对房屋空间的分割与利用更有效,呈现屋内活动便捷、走动方便的路线形式;甲居藏寨碉房的立体功能比前者更清晰,层次也明显,然而水平空间的利用却不及前者完善。这都是在各地的生活信仰、地势情况和功能需要影响下呈现出的不同结果,有其差异性。

5.1.5　道孚崩科建筑工艺讲究、色彩明快且装饰华丽

　　道孚崩科建筑的色彩鲜艳夺目,常以红、白、棕、蓝、黄、绿为主,分别象征火焰、白云、蓝天、土地和流水等自然景象,并寓有权势、纯洁、勇敢、智慧之意。每种色彩都由三原色红、黄、蓝组成,取矿物质材料,混合牛胶调和成那些鲜艳耐久的色彩,并涂绘于建筑的木构架上,表现十分艳丽(见图 5.32)。藏族建筑有一个明显的特征,就是房屋室内外和生活事物方面都喜欢用色彩装饰。其意义

虽与文化宗教信仰有直接关系,但在高原地区,木质建筑和构件易潮腐,于是耐腐蚀就成为首先需要解决的问题,需要涂饰防腐的漆保护建筑木材,这时其功能作用远大于艺术和文化的内涵。那么在文化和艺术、信仰、生活环境的影响下,功能的饰漆逐渐变成了以图案和故事为主的彩绘,它不仅有保护木材的实质功能,还有美观的装饰效果,成为道孚崩科建筑艺术的明显特征之一。

图 5.32　道孚崩科建筑木构上鲜艳耐久的色彩表现

　　由于道孚崩科建筑主体基本上是树木架构的房屋,所以室内外均有由上述 6~7 种颜色绘制的彩画。与此同时,木结构的灵活性与材料的可塑性,导致木雕和彩画出现在建筑室内的各个部位上,近观它们就如同走进了金碧辉煌的皇宫殿堂。道孚崩科建筑外观色彩主要由棕、白两色交替形成,木墙涂刷棕色,石墙和木材端口用白色染料粉饰,次要的柱子之间的梁中段运用黄色或绿色、红色、蓝色作图案,使得建筑物在周围绿色的草原与植物的映衬下具有厚重和鲜艳的强烈对比。而且道孚崩科建筑本身大面积的棕色与白色实墙,还有白色构件就已经形成了对比关系,加上其中红、黄、蓝、绿等颜色图案的调和,就更显得建筑色调丰富多彩,十分明快。这些白色大部分为石灰,道孚人还按照白色来区分建筑是真崩科还是假崩科,在二层的墙角处,如果见到木墙有出头的"耳朵",其头上刷有白石灰就称为真崩科;反之无"耳朵",又无白色的就称为假崩科。

　　道孚崩科建筑的室内色彩和它的外观色彩相比较,就不能只以明快来标明,而应该用五光十色、繁复富丽,以及眩晕的视觉效果来形容了(见图 5.33)。

当人进入室内,所见之处几乎都是五颜六色和琳琅满目,非常炫目,但仔细查看还是能发现它们主要由对比色和补色组成;习惯以高纯度的红色、黄色、绿色为主,通过退晕的技法配以蓝色、紫色、橙色、白色和黑色等,绘制形成丰富的炫耀之感。这种炫耀之余也反映出屋内色彩有些杂乱。

图5.33　道孚崩科建筑室内颜色繁复多彩的眩晕效果

道孚崩科建筑正因为室外的色彩与材料之间紧密结合,并辅于合理的结构和规整简洁的体型,才使得这类民居建筑面貌突出,独树一帜,其形貌要归决于结构和空间的主次分明,整体与局部关系的逻辑性;建筑色彩与大自然的适当调和对比,显得它稳重大气而不失细腻之感。建筑的外部装饰图案较少,一般在枋条的枋心处以及一层墙体上的中心部位会有几个图形。它们呈现出简洁的造型,图案颜色也单一,体现了道孚崩科建筑的庄重形象。然而这种庄重形象和它的室内相比较就显得过于朴实了。有人曾用"宫殿般的住宅"[24]来描述道孚崩科建筑的室内装饰,这就是根据内部装饰而得名的,形容其室内装饰复杂多变,图案类型繁多,色彩斑斓,两者的形色搭配也多样;木墙壁上的雕刻丰富,柱梁、椽枋、天花等处(见图5.34)以及装饰构件上绘制有大量的图案,如钱纹、回纹、兽纹、八卦图等抽象符号,还有一些象征寓意的图案,如石榴、莲子、梅兰竹菊、蝙蝠、佛手、喜鹊、葫芦和长寿老人等,它们的装饰有其独特的意义和故事。这些图案大多源自汉藏的民间故事或宗教寓意,其中山水鸟兽是主题,吉祥纹样是修饰,除前面提到的图案外,常见的也有和睦四瑞图、六寿图、珍宝狮图、财神等(见图 5.35)。

图 5.34　木墙壁雕刻的丰富形式

图 5.35　和睦四瑞图、长寿老人和宝瓶图等

道孚崩科建筑室内装饰体现在木结构的柱、枋、梁、椽和吊顶上。首先它们的表面绘有各种图案，一般都是民间寓意的故事，还有宗教信仰的吉祥图案；其次是木质的隔墙和窗套、门套，其上面常有雕刻、图案和花纹。归纳起来，均有财富、粮食、人丁兴旺、事业有成、健康长寿、家人幸福、团结和睦的寓意。和睦四瑞图常出现在客厅的隔墙、门窗上，一般采用凸雕和透雕的手法雕刻，彩画就绘出色彩鲜艳的图景。该主题图画的构图是：画面的下部有一头象，象背上驮着一只或多只背着果实的猴，猴肩上蹲着一只兔子，然后兔子头顶飞着鹧鸪，在画面一连串的主体周围全是云纹和果实，这些元素最后构成了全画，整个画面显得饱满而充实（见图5.35）。该画具有直白的象征性，象征一家人和谐相处，长幼有序，相互支撑，到达幸福的顶端。六寿图一般都要求绘制长寿老人、长寿山、长寿村、长寿鹤、长寿水、长寿鹿之类，均表现在客厅和二楼门厅的木枋、木梁上；有时也在木墙和门扇、漏窗中以透雕呈现。狮子吐宝图（见图5.36）在室内绘制最多，不分客厅、过厅和经堂等空间，只要是室内主体空间的立面上均可以绘制它，该彩画常用晕染沥粉的技法表现，还用堆金的方式强调珍宝、金币，如室内的柱子、木梁、木枋和家具，其画面的元素也可以拆分单独刻画。珍

图5.36　柱头上雕绘的狮子吐宝图

宝狮子图是白色的狮子站立于雪山之顶,足踏宝物,有不凡的气势,此图是藏族艺术中彩画的典型代表,寓意财源滚滚,源源不断。

　　财神是藏族的一种神话形象,由近十种动物的身体部位组合而成,有龙角、牛鼻、蟾蜍皮、狮子额头、马耳、海牛嘴、大鹏毛发、虎牙,还有牛的眼睛等。财神常被绘于客厅墙面,象征家人财运亨通、财富不会流失之意。孔雀牡丹图也有相同的寓意。总的看来,道孚崩科建筑室内装饰的内容有规律可循,那就是图案意义富有劳作安全、生产丰收、财富增多、家庭幸福和美好的祝福之类,常用有美好谐音的动植物简化成图形应用在装饰上。它们形式多样,其绘制的位置主要为建筑承重构件上,如柱子、梁、枋;建筑围合构件上,木隔断、木墙壁、封板等,具体一般在中心或满布四周。当地人还利用过去宫殿、寺庙、府邸的传统绘制技法,在道孚崩科建筑室内的构件上表现出老百姓对技法的理解及灵活变化的情形,因此在道孚崩科建筑室内出现了多种多样的民间绘制室内装饰图案的绘制技法和创作思想。

　　道孚道孚建筑室内装饰虽然显烦琐,但其建造工艺性和方法较好(见图5.37)。在建造中道孚崩科建筑是工匠用工具和相应的技术方法,制作和生产出类型多样、大小不一的构件,按照一定的程序和步骤,组装成建筑结构和围护体,期间要求结构严密,材料有柔韧性和张力,还具有防寒和保暖作用,以满足当地人的生活要求。在高原地区,把粗大的树木加工成光滑的树干,非常费力。首先,施工时严格要求榫卯成箱式的崩科骨架,这中间需要有较好的技术和装配的工艺水准,才能在短暂的时间内完成;其次,不同材料的结合处道孚崩科建筑也有一定的工艺要求。为保护建筑木材,砌墙时工匠常常会让石墙与木墙之间留有一定的空隙,起到既保护木料又抗震的作用,避免石墙向室内垮塌,造成崩科结构的破坏,木柱的断裂和倾斜,会危及室内家人的生命安全,这种建造工艺和建构方法是一种保护建筑安全的措施;再次,木墙中木筋和木勒的装配,叠置的严密程度直接影响着室内保温效果,而且还表现出墙体的整洁和美观性,这些也需要一定的工艺才能达到;最后,房屋中室内装饰的工艺非常讲究,人们看到道孚崩科建筑时,除了建筑本身的特点之外,关注点就是它的室内彩画和雕刻。道孚崩科建筑室内彩画的技法常用平涂抹金、堆金沥粉和勾描边框等,绘制步骤严格按照传统技法表现。四川省西北地区和藏族地区有许多民间画匠活跃在行业中,他们不仅有娴熟的绘制技能,还广泛涉猎于藏族多类彩画、壁画、雕刻,长期工作在寺院和居民建筑内,因此这些工匠师是藏族人非常喜爱的画匠。在藏族室内外装饰工艺中,平、匀、艳、精、满、全等都是对该行内画匠基本技艺应

图 5.37　道孚崩科建筑室内装饰的工艺表现

用的要求。归纳起来,"平"即要求绘制底胎平整而光滑、干净;"匀"是指色彩涂刷均匀和花卉图案布局匀称,雕刻要有层次、平整;"艳"顾名思义,色彩鲜艳,丰富多彩,对比强烈,体现华丽的颜色配比,雕刻展现的是刀法和技巧的争艳奇特;"精"是指绘制精巧、细致,线条流畅,造型圆润而生动,精雕细琢地雕刻;"满"是构图丰满而完整,不求疏密和节奏,虚实和远近,讲究思想含义和视觉的完整效果达到充实画面;"全"指绘制完整,各种图案形式表现齐全,内容和技法表现,工艺和仪式都能完全达到要求。这些技法和工艺都出现在道孚崩科建筑中,并融于装饰的图案、色彩内,有很多的寓意和民族工艺特点。

5.2 道孚崩科建筑的缺点

5.2.1 道孚崩科建筑木材耗费大、易火灾且影响生态环境

道孚崩科建筑最大的特征就是以木结构为主的木质建筑,从承重结构到围护主体都运用木材。木材是道孚崩科建筑的符号与本体。从古至今,这片地域上的人们世世代代就利用树木修建遮风避雨的房屋。那时候受技术和交通运输条件的制约,当地的先人就地取材,因势造屋,形成了特有的井干式建筑。此类建筑体量不大,室内面积小,在茂密的森林里,选择优良的建筑材料不是问题,于是他们顺势采用当地的树木建造房屋,这应是最为适用的材料和方法了。过去道孚人在地方头人的允许下可以砍伐指定地点的树木,并按照要求搭建木屋。1950年4月,"道孚、乾宁和平解放,对旧政府实行接管,隶属康定军事管制委员会。"[3]道孚人民翻身做了主人,才有了建设自己居所的权利。改革开放后直到今天,当地人的经济条件变好,生活富裕了,交通运输顺畅,建房的材料和技术得到很大的改进,于是大面积、大空间的道孚崩科建筑逐渐出现,不断增多,家家户户陆续拆旧盖新(见图 5.38),翻旧重建,或是择地新建、扩建层出不穷,导致县域群众对木材的需求量不断增大,那么摆在当地人们面前的就是建筑木材如何获取的问题。第一,依靠本地森林中的树木;第二,从周围或更远的林区购买林木运回本地;第三,继续延用旧建筑上的材料。然而前两种办法势必会造成对森林资源的无尽破坏和影响地域的生态平衡,致使高原上水土流失,环境恶化,气温日益渐暖的问题出现。20世纪70年代以来,全球的环境问题出现升级现象,人类对各种能源的利用加剧,乱砍滥伐滥采现象严重,能源持续过度耗费,导致温室气体在大气层中浓度升高,形成了温室效应,使全球气温上升,由此也使得海平面缓慢升高、灾害性气候增多等,致使人类的生存环境每况愈下。据调查,在道孚一些藏族村寨早已出现全年的降水频率不够,人们的生活用水不足,上游流入下游的水量减少等现象,影响下游的农作物和人畜用水,甚至严重影响到江河沿岸的生态安全等问题。

根据可持续设计专家及生态建筑学家周浩明教授所著的《生态建筑——面向未来的建筑》书中所述:"结果发现在引起全球气候变暖的有害物质中有 50% 是在建筑的建造和使用过程中产生的。在建筑设计、建造和使用过程中所耗费的能源也占能耗总量的 1/3。至此,建筑师们不得不将人类自身的活动纳

入到生态系统中,重新评价人、建筑与环境之间的关系。"[25]道孚崩科建筑是木质房屋,建筑材料除少量的石材外,其余均是以质地较好、树龄较长、胸径粗大的树木作为主体材料(见图 5.39)。需要许多这样的树木,工匠才能建造成一

图 5.38 拆旧盖新的道孚崩科建筑

图 5.39 道孚崩科建筑的粗壮树干

栋 200m² 左右的道孚崩科建筑。根据建筑用量计算，当地盖一栋中小型（100～200m²）的道孚崩科建筑大约需要 800 吨的木材。如果以 1 棵胸径为 0.2m 的桦树为例，其重量约为 3 吨，那么折合成所需要砍伐的桦树，大约需要 266 棵。因此要修建一栋 200m² 以上的道孚崩科建筑，大约需要 266 棵以上的成年桦树。如果道孚所有村寨都要建造或翻新道孚崩科建筑，可想而知这得需要多少胸径更大、数量更多的成年树木。除去正常建造新房外，当地老百姓还会定期对老建筑进行维修，这也需要大量木材。可见，道孚崩科建筑对能源耗费巨大。

虽然道孚崩科建筑颇具民族特色，特点鲜明，样式优美，展现了百姓的富足生活，是当地宝贵的旅游资源，能促进当地旅游经济的发展，然而从可持续建筑全生命周期的科学视角分析，继续修建此类木制建筑既不经济、又不环保。

如此多的木材耗费量将对道孚县域及周围环境造成不可弥补的伤害，以致影响到生活在这块美丽土地上的道孚人以及他们子孙后代的发展。庆幸的是，相关部门早已注意到这种隐患。1998 年，国家颁布了《中华人民共和国森林法》和《中华人民共和国环境保护法》，目的是保护人类赖以生存的森林资源和自然环境；随后道孚县政府也制定了相应的地方保护森林的措施法规。这对于当时及后来当地人大面积砍伐森林，使用树木建设房屋的情况给予了相应的制止。可是如今在大力提倡发展旅游经济的利益驱动下，道孚县域的部分地方仍然在不断地建造传统的崩科建筑，这种现象还在不断蔓延，虽然这种情况不利于当地生态环境的保护，但是也反映了当地人们缺乏对新建的道孚崩科建筑耗费树木影响生态问题的重视不够，以及留恋过去的道孚崩科建筑的保守思想。因此，通过现象看本质，修建道孚崩科建筑的活动是不可能即刻停止下来的，它们只有在新的建筑材料出现后，其材料优势又足以超越传统木材的性能和价格，才会真正地改变建设现状而使当地人选用新的材料造房。与此同时，道孚崩科建筑的日常管理与维修也要耗费大量木材（见图 5.40）。总之，该地区大面积采用树木建房的风气与习惯只能通过新材料、新技术的发展才能真正地从源头上制止木质道孚崩科建筑的继续建造。

道孚崩科建筑从内部结构到外表面几乎都是由木材构建，建筑内外表面是以油漆涂饰和彩画装饰。自古以来，建房的工匠用他们自制的色土和石灰粉刷墙面，可以保护木料，使其具有较好的耐候性和防虫蛀的作用，然而人们对于防火方面考虑的并不够，因此历史上时有火灾发生。虽然当地人从古而今都通过传统的方法和措施来预防火灾（如鸣鼓、吆喝、拖把、水桶等），但这些方法并不科学，生活中人们总会有疏忽和遗漏的时候。2010 年 12 月 5 日，道孚县鲜水镇

图 5.40　道孚崩科建筑的日常管理与维修需要耗费大量木材

孜龙村呷乌山因人为玩火,导致当地火灾发生,死亡人数达到 22 人。通过调查发现,道孚是频发火灾的地区,当地一直非常重视,专门设有防火办和防火指挥部,还下设有打火中队和专业的打火队伍,各个乡村也设有防火分队。但依然没能避免此次火灾的发生、人员的伤亡。这次火灾损失巨大,教训也十分惨痛。

由于道孚地域属于高原河谷寒温带气候,年平均温度 7.9℃,1 月平均温度 2.5℃,最低温度 −21.9℃,7 月平均温度 16℃,最高温度 32.0℃;日照 2319 小时,无霜期 107 天左右,气候寒冷干燥,只要稍微有一点火苗就容易造成木材燃烧。例如,2010 年道孚"12·5 火灾"就是这种情况的真实写照。

分析原因,除了当地特殊的自然环境与气候条件外,还与城镇木质的道孚崩科建筑中未放置专门的防火设备有关。道孚崩科建筑的墙壁、地板、楼梯、柱梁等构件,以及家具和表面装饰使用的都是木材。这些木材细小繁多,非常容易引起火灾。道孚崩科建筑一旦发生火灾,因室内没有配备防火设备,必然会造成火势迅速蔓延,人们又来不及扑救的后果,这是火灾发生的主要原因。还有一个原因就是建筑表面常常都被刷满油漆,以达到增加室内外的装饰美化效果的目的。而这些刷在表面的油漆也是诱发建筑火灾的主要原因之一。即使在当地农牧区,有着建筑之间距离大,分散范围广的优势(见图 5.41),但如果不提前预防和管理,当地房屋仍然会出现大面积的火灾发生。

图 5.41　村寨中道孚崩科建筑之间距离较大的情形

道孚崩科建筑在西南地区不仅拥有独特的面貌,其组成的聚落形式往往也是藏族建筑最有特点的造型。在道孚地区的城镇中,密集的崩科建筑群处处可见,建筑之间的距离非常接近,有些几乎是屋宇相连,相互穿插和重叠(见图 5.42)。近几年随着外地游客人数的不断增多,当地村寨的许多家庭开始改变原有房屋的使用性质和聚落空间结构,变宅为店,目的是吸引大量的游客来居住、生活与旅游,让他们体会道孚地区的风土人情,观赏到建筑和聚落之美。可是随着这些商业活动的增加,旅游人数的逐渐增多,对原有建筑聚落空间结构造成了破坏,以及人们对火灾预防思想的松懈,长此以往也会导致火灾的发生。因此,当地人在做商业活动的时候亟需重视道孚崩科建筑的聚落空间和建筑本身结构不能被破坏。

虽然当地人早把预防火灾的警示放在各自的脑海里,形成村寨的一种戒律和规矩,可是来自外地的游客却并不一定重视。因此,在炎热的气温下和旅游的季节中,人们频繁而集中的活动都可能会引发火灾发生。如玩火、抽烟、燃放爆竹、户外野炊等。火灾不仅对人和财产造成惨重损失,而且对自然界的植物和动物影响也是巨大的。因此,改变聚落形式和发展旅游经济时,人们的火灾预防思想一刻不能松懈,同时还要避免各种容易引发火灾的活动出现。

图 5.42　屋宇相连的道孚崩科聚落

5.2.2　道孚崩科建筑结构不完善、缺少基础、抗震性不够

道孚崩科建筑的外形、色彩有许多突出特征,它的辨识度非常高,人们对此记忆深刻,对其建造水平也有所称赞。然而从木构房屋的材料分析,木材本身性质是强度高、韧性好、质地轻,具有一定的弹性,但是它也有构造不匀、各向异性、使用受到环境影响、易腐朽和虫蛀等缺陷,只适宜建2~3层的房屋(见图5.43)。道孚地域常用杉树和桦树建房,杉树属于针叶树木,其树干通直高大,表观密度小,质地软,纹理直,易加工,其胀缩变形较小,强度也高,耐腐朽,做柱子和梁枋较多;桦树属于阔叶树,树干通直部分一般较短,表观密度大,质地硬,易翘曲和开裂,当地常拿它做木墙、梁、椽、欠条之类。木材为主的房屋跨度均比较小,通常做间隔很密的矩形截面格栅地板,其结构间距约为3.0m,我们实地调查发现,道孚建筑木骨架几乎都在2.2~2.7m,也有长于这个尺度的,能达到4.5m。在某些室内空间中,道孚工匠常用减柱法的方式,去掉其中一根立柱扩大室内空间(见图5.44),这样势必就会造成结构的刚度减弱,严重的甚至会影响整个结构的稳定性和坚固性。

图 5.43 适宜建 2~3 层的木构道孚崩科建筑

图 5.44 减柱法的道孚崩科建筑室内空间表现

道孚崩科建筑历史悠久,许多古老的道孚崩科建筑经历了家族多代人的生活居住,它们会出现大大小小不同的问题,需要家人及时进行修缮,以保证它们的安全性。然而在此过程中当地人一般都不会使用现代仪器和设备测定修缮后的建筑是否安全,而是完全凭着经验进行修补和直观判断建筑的安全性(见图 5.45)。随着时间的流逝,单个构件不断增多,道孚崩科建筑所承受的荷载越来越大,慢慢加大了局部构件的承重,逐渐影响到其他构件之间的均衡连接,当这种力的平衡被打破后,最终会导致结构松动,骨架之间受力不均,造成破坏或抵抗变形能力不强的后果,另外如果刚度不够,建筑还存在倾斜或倒塌的危险。木结构房屋的弹性和韧性受木材性质影响较大。在道孚崩科建筑屋顶上大量采用厚重的夯土和增盖坡屋顶,此做法既增加了建筑本身的重量,也给木质结构加重了垂直荷载。一些平屋顶由于放坡不够,上面还有积水,时间长久必然造成头重脚轻,引起结构变形,假如变形不能恢复,最终会出现刚度变形、道孚崩科建筑结构破坏的危险局面。当地人为解决这个问题,一般采用直径较

图 5.45　破旧的道孚崩科建筑

大的粗壮树木,运用双梁合力来共同承担垂直荷载,避免风险,但是这种做法增加了建筑自重和材料造价。

其实以结构的平衡和几何稳定性分析,道孚崩科建筑并不完全坚固,因为除了前面提到的刚度外,建筑还应该能够在外部施加荷载的作用下达到一种平衡状态,这就要求结构布置与基础的连接方式在所有外施荷载作用下同基础产生的反力达到一种平衡。而道孚崩科建筑的地基薄弱甚至仅为夯土,当地人利用崩科框架和房屋自身重量的下沉形成基础,容易造成沉降不一,难于长时间支撑建筑结构的各种荷载,也很难长久性地达到平衡,在震级较强的烈度下,必然因水平荷载施加造成部分倾斜或断裂的危险。

1981年1月24日,道孚县发生6.9级强震,一些木柱扭动、劈裂,几何稳定性不足,构件连接处松动,拔榫现象出现,道孚崩科建筑损毁严重。几何稳定性是指保持结构的几何形体并允许结构构件共同作用于抵抗荷载的性质。对于框架梁柱的结构,在重力荷载作用下建筑能达到平衡,然而当有侧向干扰或风荷载时,建筑就会出现倾斜或倒塌的情况,于是在考虑结构布置几何稳定性的时候,必须让它能够抵抗来自正交方向的荷载,才能达到稳定。一般平面布置有两个正方向,三维立体布置有三个正方向。建筑作为三维布置的结构空间体,至少应考虑抵抗来自三个方向的全部作用力,才能使其平稳;反之,如果未布置抵抗三个正方向的作用力,那么它在使用中就是不稳定的。这种稳定体系又称为"排架稳定性"[26](见图5.46)。

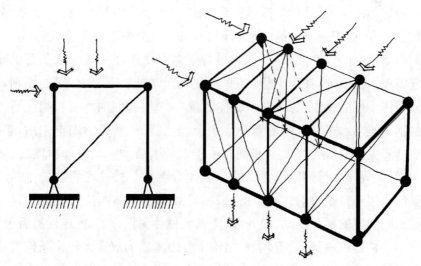

图5.46 "排架稳定性"结构示意图

同时，道孚崩科建筑结构的几何形体是最简洁的排架之一，采用了最简单的铰接形式，立面无斜撑杆，仅在屋顶通过梁、椽和面层铺板的运用产生填充框架内部的网状薄板形成稳定性。道孚崩科建筑其他面的斜撑杆较少，有些立面使用了替木和插件、榫卯件作为简单的刚性节点，但材质之间的受力发生了变化，易导致刚性节点的突变，最后产生不稳定性。还有道孚崩科建筑的基础缺乏致使它的刚性结点更加脆弱，一般在水平荷载，如风荷载和地震作用下，建筑会发生一定的变形，排架难以抵抗，导致结构损坏，因此道孚崩科建筑的结构体系中，应该考虑在每个立面都适当增加斜撑杆，加强道孚崩科建筑的稳定性和平衡性，达到骨架的刚度及坚固要求。虽然有些道孚崩科建筑结构上有斜杆，但还是远远不够。

道孚崩科建筑的优点虽然很多，但在结构抗震方面略有不足。5级左右的地震对其结构影响不大，但是如果突然遇到较大级别的地震，则会影响其结构的整体稳定性和安全性，出现房屋损毁和倒塌。道孚崩科建筑外围护的石砌墙体（见图5.47），主要以黄泥铺设石块砌筑，其抗震性能随时间变差，在静力作用下，依靠自重和垂直荷载可以保持稳定，但是如果遇到较强的地震，则难以抵抗，导致结构损毁，建筑倒塌，危及人身安全。解决这个问题的有效办法是在外围墙体中采用钢筋笼结构（见图5.48），利用钢材自身的抗拉性能和抗压性能，可以有效地抵抗轴向拉力、轴向压力和弯曲荷载等，从而达到稳固建筑结构的作用。同时，这种结构与木材组成复合结构，是解决单一材料的道孚崩科建筑结构不稳定的最好办法。如《甘孜州道孚县藏族民居"崩科"式结构浅析》一文中分析："可以把一个类似于钢架的结构和内部的木框架连接在一起，钢架结构和木结构之间仍然留有一段距离，然后把钢条置于两个拼接在一起的块条石中间，中间的缝隙用水泥填上，在往上叠加的过程中仍然按照'下厚上薄'的原则，以尽量减轻墙体上层的重量，稳固整个墙体的重心。"[27]合并两种材料的优势性能，构成的钢圈梁与木框架之间的互补性组合，起到了钢筋笼的固定作用，还防止了强烈地震灾害的次灾害发生悲剧。木建筑常因结构空间的外横墙（山墙）间距大，其间无规律的排列以及无圈梁或无闭合圈梁与楼盖可靠性的拉结，地震时承受的木架与自承重墙体各自的振动，导致房屋整体的抗震性能差，使得梁与枋柱之间固定的插销松动、脱开，致使纵墙整片倒塌，产生灾难性的后果。

道孚崩科建筑屋顶（屋盖）承重结构全是由木质的双重梁和椽条构建成的，上面架设密椽，再铺木板，木板之上覆盖树枝和砾石、泥土等材料，达到一定的厚度；当铺装好之后，再垫一层0.1~0.2m厚的粗土和0.1m厚的阿嘎土抹层。

第 5 章　道孚崩科建筑的优劣评述　　　　　　　　　　　　· 143 ·

图 5.47　以石块叠筑的道孚崩科建筑外围护墙体

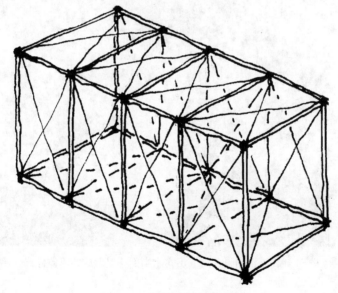

图 5.48　钢筋笼结构示意图

这些构造层虽有防雨雪、遮风沙和保温的作用,却是屋顶自重增大的主要原因,解决道孚崩科建筑承重的方法主要是依靠粗大的圆木立柱与梁椽来达到要求,可是这种结构和密排墙体却难以抵制更强的横向荷载,以及摆动的地震破坏力。假如结合现代轻质的混凝土材料或防水材料,它们更能抵抗高海拔地区恶劣环境下 60℃范围内(－30～30℃)昼夜与季节温差的急剧变化,因此不会影响结构的质变,足以保证建筑的稳定性。

　　与此同时,建筑抗震的改进技术和方法很多,需要针对当地建筑结构的不足找出解决办法和措施,既要能解决自重,又要有保温、隔热和防雨雪的功效,更要有持久的坚固作用。首先,急需强化道孚崩科建筑基础的建设,保证建筑基础有足够的强度、刚度和耐久性等要求,满足基础和木框架结构、屋盖、楼盖等各类荷载;其次,要增强房屋框架的刚度和强度,考虑平衡和几何稳定性等要求,还有构造办法;最后,需要不断强化地方管理,提高环保节能意识。道孚崩科建筑二层和部分墙面是以实木半剖叠置形成的墙体(见图5.49),其壁面保温性欠佳,完全依靠自然光和木材本身性能及生炉取火等传统保温法满足当地人们的生活需求。这些方法对于资源的耗费较大,节能性不强,影响了当地环境的可持续发展,并且建筑的整体性还需要加强以达到安全抗震的作用。

图 5.49　道孚崩科建筑二层实木半剖叠置形成的墙体样式

5.2.3　道孚崩科建筑室内装饰繁琐和主次关系模糊

　　基于民族文化和民间工艺美术的角度,道孚崩科建筑室内装饰华丽,图案多样,雕刻精湛,形式各异,具有很强的民族工艺特点。然而按照现代艺术的形式法则——主从与重点、比例与尺度、对称与均衡、变化与统一、节奏与韵律等评判,道孚崩科建筑室内墙面表现出浮华的装饰和矫揉造作的图形堆砌,体现出强烈的脂粉味(见图5.50),类似于17世纪欧洲洛可可风格的装饰形式(见图5.51)。

第5章 道孚崩科建筑的优劣评述

图 5.50 道孚崩科建筑室内繁复多彩的装饰

图 5.51 17世纪欧洲洛可可室内装饰风格

然而两种形式的主旨和目的并不一样。洛可可风格是17～18世纪产生于法国贵族阶层中的一种卖弄风情、妖媚柔靡、逍遥自在的生活趣味,是一种逸乐的表现主义。而道孚崩科建筑室内装饰是近半个多世纪当地劳动人民翻身做主人后,以自己劳动所获取的财富,为满足自己和家人的幸福,邀请画匠彩绘和雕刻各种喜爱的动物、人物、植物等形象,达到美化室内环境(见图5.52)、充满信仰的目的。墙面和柱架等构件上所见之画都与美好的愿望和宗教信仰相关,常出现吉祥八宝、仙人神兽图案等;规矩的连续纹样,整齐有序的布置;甚至重复,如回纹、菱形纹、绳纹等(见图5.53),只不过这些纹样密排,观察时间长了让人觉得呆板单调眩目。这些效果和感受在道孚崩科建筑室内的表现格外耀眼,分析原因主要跟专业画师和工匠的水平有关。道孚崩科建筑室内彩画的工匠一般都来自于民间艺人。他们中条件好的有师傅指导,条件差的就边画边学,水平参差不齐,这在道孚崩科建筑室内彩画表现上是:简单涂饰的装饰画,还有抄袭和模仿的图形,这些都影响着道孚崩科建筑室内装饰的工艺效果。虽然当地也出现了少量的专业团队,他们均受过美院的专业训练,有扎实的造型能力和技法表现力,然而在传统彩画的绘制中他们练习较少,所以难有较高的艺术水平,这也就意味着他们绘制道孚崩科建筑室内的彩画是需要模仿和学习的。为弥

图5.52 画匠绘制道孚崩科建筑构件的场景

补这些不足,画匠就从古代的皇宫和寺院殿堂、头领的府邸等处学习,模仿它们装饰华丽、满屋珠光宝气和金碧辉煌的效果,以及一切金缕绸络的奢华气息。所有这些都成为他们尽力仿效的摹本。于是这种繁复奢华的画本就成为当地人仿习的风格。户与户之间追逐借鉴,使得现代道孚崩科建筑室内出现了犹如过去皇宫般奢侈华丽的效果。

(a)

(b)

图 5.53　吉祥八宝和回纹、菱形纹等图案

道孚崩科建筑常以白色石灰和涂料粉饰外墙(见图 5.54),转角部有装饰图案和线条,如云纹、如意纹、波纹,常用褐色涂饰木构墙,各种木筋和木楞外露出头并刷白石灰或白油漆;柱子间的木枋上绘各类图案,有祥云、飞禽的彩画,它们都比较简洁。有些道孚崩科建筑外部似乎没有装饰,仅有棕、白、黄三色呈现,这些色彩在开阔的绿野环境中简洁明快,主次有序,在强烈的阳光照耀下,一目了然,瞬间散发出质朴、地域文化的感染力。道孚崩科建筑顺应了居住形态与自然环境融洽后人们对美的需求及表现(见图 5.55),而不像其室内装饰过分渲染繁杂的图案与色彩形式。正如西方现代主义建筑大师密斯·凡·德·罗曾说:"少就是多"[28],现代主义建筑先驱阿道夫·路斯说:"装饰是罪恶"[28],过于复杂和多彩的装饰,就会破坏原有建筑结构和构造材料的逻辑关系以及主次分明的和谐感,反而容易造成眼花缭乱、眩晕和无序的感受。木饰

的道孚崩科建筑房屋内彩绘连壁,精雕细作,粗椽巨木彩画连篇,四壁雕绘各种图案;门户窗扇有龙、凤、狮、鹤、麒麟等图形;墙面有花鸟、祥云、仙兽、龙凤组成的传说故事,处处体现吉祥美好之意。

图5.54 道孚崩科建筑外墙以白色石灰涂饰的效果

图5.55 农牧地区道孚崩科建筑之间分隔较开的情景

道孚崩科建筑室内雕刻技法有三种：浮雕、透雕和双面雕。讲究的人家希望面面俱到，各种技法和形式都能用上以达到美观共享之用(见图 5.56)。浮雕在道孚崩科建筑室内的梁、柱和枋上经常用到，因其工艺复杂，材料有限，难度大，传统工匠只能雕刻好后，再将它们一层层地拼贴在建筑构件上。透雕用于门窗、隔墙和家具中，技术难度非常大，花的经费和时间就更多。双面雕对材料和技术要求更高，其欣赏价值也高，一般作品两面图形相似。每一种雕刻都需要工匠花上很长的时间，进行构思、选材、布稿、制作、修改完成，工序繁琐，费用大，因此道孚崩科建筑的装饰一般都断断续续在 5～10 年完工，室内的立面雕饰和彩绘占据了五分之四的时间和精力(见图 5.57)，可谓倾心而作，费材竭力，徒增了大量的经济负担。然而道孚崩科建筑室内繁复奢华的彩画更是无限制地晕染绘制，梁、柱、枋、顶棚有民间的平涂技法以及沥粉堆金和晕染的宫廷制法，把所有这些构件涂彩得宛如皇宫一般的气势。传统的沥粉堆金在道孚当地略有改变，当地画匠用黏土和石灰粉，并混合牛骨胶调制成膏状物，将其装入一个漏斗状的容器里，出口大小如针孔，手握住后通过不断挤压而产生立体凸起的线条，如在奶油蛋糕上描花写字一般。待干后，再在上面涂上金粉，适当打磨，就有了金光灿灿的效果，画面层次也就丰富了很多。

图 5.56　道孚崩科建筑室内雕刻的技法和形式

图 5.57　道孚崩科建筑未完工的装饰

除了过多装饰手段和图案形式外,道孚崩科建筑室内装饰题材、构图、色彩具有虚幻造作之感。其雕绘形式繁复多姿,内容层层堆置在界面上,显得纷乱无序。道孚崩科建筑室内装饰的题材主要有三类:神话传说类中的神兽珍禽,如五福捧寿图、神鸟六寿图、和睦四瑞图、狮子吐宝图、吉祥八宝图等;花鸟人物类,图中有石榴、莲子、梅兰竹菊、蝙蝠、佛手、喜鹊、葫芦,以及历史名人、八仙、孔雀、仙鹤、金龙、彩凤、牦牛、鹿、狗、羊、鹰等形式;图案和文字类,大量的卷草纹样、云纹、兽纹、吉祥纹、钱纹、回纹等表现,常作为画面的背景和边框及图之间衔接的部分。虽然道孚崩科建筑室内装饰的三类题材内容很多,但是在道孚崩科建筑内几乎家家户户都能找到如出一辙的图面,有的只是位置稍有变化,这可能跟画匠和当地人的信仰、习俗或相互参照有关。那些装饰图画运用横向构图,采用三断式或五断式,每种构件上均应用这一原则。例如,木枋为枋心两个,分别绘吉祥八宝中的一宝,不能相同,由三种图案分隔开来,整体组成连续纹样;枋上面的梁横向呈一断式或三断式,梁中心绘飞禽走兽、仙人故事、吉祥八宝等图案,两侧五彩祥云图案构成枋心花瓣边框;柱头上饰以如意纹或瑞兽、雪狮、金龙等图案(见图 5.58),这些图案均采用重复的连续纹样,仅仅只在每断式的画心中进行改变,从而产生不一样的效果。道孚崩科建筑室内装饰的构图形式针对单独的构件来看,有节奏和韵律的特点,但是在单个构件上绘满了所有图案,致使它们的布局缺少疏密、无空白的修正余地,就会显得室内界面装饰密集和繁琐,给人造成一种紧张感。与此同时,各个构件组合拼接在一起后,装饰图案呈现出各自为中心的局面,产生了构件装饰的彩画、雕刻之间互不相让、互相争宠的情况,最终导致无主次的繁杂局面(见图 5.59)。

图 5.58　道孚崩科建筑室内瑞兽装饰图案

图 5.59　构件装饰的繁杂局面

　　色彩是藏族室内装饰中除形式、题材之外最重要的内容之一,也是藏族人认知大自然而获取的视觉与心理信息的反馈体现。他们平日所见到的周围环境几乎是绿色的植物和草原,洁白的雪和云朵,蓝色的天空与清澈的河水,红色的太阳，广袤的大地与金灿灿的寺庙等景色，于是高纯度、高明度和清晰的色彩就成为它们喜爱的颜色。藏族人就把这些颜色之中的红、黄、蓝、绿、黑、白用在室内空间的立面装饰上，按照不同比例进行调和，颜色相互穿插，体现了强烈对比和同类渐变的色彩效果（见图5.60）。道孚崩科建筑的室内颜色常以红、白、黄为主，蓝、绿、黑为辅，根据信仰和规则用色，相互搭配对比，画面顿时产生艳丽夺目的视觉效应。道孚人几乎不用复色和间色，仅在5～7种颜色内选用，由于当地画匠在色彩配置时过度注重强烈的对比关系，于是颜色之间根本没有同类色的调和带，全凭画匠晕染的工夫过渡，显得画面单薄不厚重。同时，构图形式中每个单元的色彩组合冷暖相间，红、绿相配，其本身容易造成纯度过高，不利于人们长时间观看，久之必然会疲劳，这样下去让观者难以形成明晰的判断力，加之多个单元的组合与并列在同一立面上，就更容易造成无头绪和繁杂的色彩感受。因此，当人们走进道孚崩科建筑室内时，基本上都会被这红红绿绿、五彩斑斓的色块眩晕。

图5.60　道孚崩科建筑室内装饰的色彩对比强烈

虽然那些色块给人一种繁杂之感，但是殊不知画匠仅用了5～7种颜色就制造出这种色彩斑斓的室内效果（见图5.61）。从感官上让人们体会到它们繁杂的氛围，然而直观和理性上却难有主次之别，画面缺少更多的绘画技法与调和手段，以致难以达到和谐的感受，只是一种矫揉的堆砌之作。倘若能在色彩的主次、虚实、调和、纯度、明度及构图上做一些思考和调整，将会有利于道孚崩科建筑室内色调的统一和协调。

总的说来，道孚崩科建筑现在还在当地继续建造着（见图5.62），浓墨重彩

第 5 章 道孚崩科建筑的优劣评述

图 5.61 画匠使用的 5~7 种颜色

图 5.62 正在建造的现代道孚崩科建筑场景

的室内装饰依然艳丽堂皇,由于大家过度强调艺术的观赏性,屋内失去了原木的本色,也难以体现材料本身的美观性。室内外表面一丝不漏的繁复雕绘,缺少主次的图色表现,千篇一律的室内空间环境与色调效果,矫揉造作的装饰形式,当然这些短时间内会具有一定的吸引力,然而从长时间的发展和时代感的要求进行判断,它应是道孚崩科建筑的不足之处。

第6章 道孚崩科建筑发展的保护措施与改造建议

道孚民居崩科建筑,是当地人千百年来为适应川藏高原严酷的气候环境和地质条件,经过生活历练而创造出的智慧结晶,它不仅能满足这一地域上人们的生活、劳作需要,而且更是蕴涵着当地藏族人的思想信仰和行为方式,因此可以认为是他们建造技艺与文化习俗的重要反映,具有独一无二的表象与结构形式,体现着建筑因地制宜和适应气候环境的思想特点(见图6.1)。道孚民居的特点主要由崩科建筑展现,前面已对它的造型、结构、材料和聚落形式等方面进行了分析,了解了崩科建筑形成的客观原因和决定体型大小的因素,力争从建筑学的角度剖析道孚崩科建筑的优劣,而非文化和艺术方面的论述,所以在有些方面还有待完善。然而这也正是作者所要关注的重点,即以建筑技术和建筑形式、功能要求等方面进行系统的研究,了解道孚崩科建筑形成的实质。本章将从建筑技术和设计两方面讲述道孚崩科建筑的改造建议和保护措施。

图6.1 因地制宜和适宜气候的道孚崩科建筑

道孚崩科建筑作为藏族特色民居建筑物之一,是中华民族传统建筑文化中的一员,因其独特的建筑面貌和绝妙的建筑技艺,堪称藏族建筑发展演变的活化石。它从新石器时代的窝棚建筑源起,经历了民族融合的相互学习和发展,成为传统的井干式结构房屋,直到经受频繁地震的折磨后,才创造与改进成现在人们所见的准井干式崩科:双梁双椽,三欠条拉接梁柱的框架形式。道孚崩科建筑在青藏高原漫长岁月里的进步和发展,是藏族建筑文化中不可小视的文明载体,它承载着数千年来当地康巴藏族人的生产、生活和精神财富,弘扬着藏族建筑的文化,也是我国少数民族文化中的一部分,更是体现了早期藏族先民与自然和谐共生的优秀范例。道孚崩科建筑发展也与民族之间的交流分不开,尤其是历史上的"茶马古道"更是影响它发展的因素。道孚地处川藏交通冲要,自古以来是汉藏民族贸易往来的必经之地,这些条件造就了道孚崩科建筑的改变和不断完善,形成独一无二的建筑面貌。

道孚日照长、风沙多、昼夜温差大、四季无暑,有"一霜便成冬"的说法。这里的人们勤劳质朴,以聪明智慧巧妙地利用当地材料和地势条件,修建了道孚崩科建筑:白墙、棕壁、花窗(见图6.2),品字形滴水檐,一至二层楼宇(也有少量三层的),楼宇之间鳞次栉比、错落有序;建筑材料上,以木材、石材和泥土为主,物尽其用,尽显道孚崩科建筑外观的朴素大方和室内雕龙画凤的精细逼真、栩栩如生。道孚崩科建筑结构不固守传统章法,因情而变,创造出了抬梁式与

图6.2 道孚崩科建筑白墙、棕壁、花窗之貌

井干式结合的双梁多柱的崩科形式，在各种地形条件下都能采用，不仅有了观赏性，还让道孚崩科建筑变得结实，并且又加强了建筑的抗震作用，从而使得其造价较高，为 50 万~200 万元（面积在 200m² 左右），是普通农村两层自建房造价的两倍以上，足以证明当今继续修建传统道孚崩科建筑耗资巨大。这么高的建造费用也提示了传统的道孚民居应该保留并维护好，保证它"小震不坏、中震可修、大震不倒"[29]的结构要求，以确保当地人民的生命财产不受到损害。与此同时，在当代全球日趋同化的城市和乡村建设里，保护与改造是人类面临的重要话题，是继续保留这些陈旧的民居，还是建筑改造与原地重建等思路，都需要反复思考。在许多民俗专家和建筑专家的倡议下，保护我国各个民族优秀的地域性建筑与他们的建造技艺，已成为保护我国民族文化的重要内容。

20 世纪 70 年代，联合国教科文组织在巴黎通过了《保护世界文化和自然遗产公约》（简称《公约》），从历史、艺术和科学的角度解析，传统建筑文化具有突出的意义，应是受到保护的重要内容之一。《公约》规定了各缔约国可自行确定在本国领土内的文化与自然遗产，并向世界遗产委员会递交遗产申请单，由遗产大会审核批准，通过的名单，将由所在国家依法给予保护。而较有影响的国际公约是 1976 年 10 月 26 日联合国教科文组织在内罗毕举行的第十九届会议上发布的《关于历史地区的保护及其当代作用的建议》（简称《内罗毕建议》），重点提出了保护传统建筑，制定相应的规范，明确其保护对象的定义和内涵等。我国 1982 年也出台了《中华人民共和国文物保护法》，指出文物保护的价值和作用、范围界定等内容，还有《中华人民共和国非物质文化遗产法》；2012 年 12 月 19 日，中华人民共和国住房和城乡建设部、文化部和财政部第一次联合公示中国传统村落名录，当时全国入选了 646 个，第二年又继续公示了入选名单，数量达到了 915 个，直到目前已接近 5000 个。与此同时，还有全国各地举办的中国传统村落保护论坛会议，如 2016 年 4 月 27 日在慈溪举办的"中国传统村落保护（鸣鹤）国际高峰论坛"上指出，在日益加速的城市化进程中，针对我国古村落保护现状情况及所面临的问题，参会专家和行业人士提出了各自看法，其中冯骥才先生谈到："2001 年至 2009 年期间，全国少了 90 万个古村，每天有 80 到 90 个古村正在消亡。"被喻为"传统村落保护第一人"的他，发出了"唤起村民文化自觉"的呼吁，提高村民生活质量和收入水平是解决古村空巢化的当务之急。由此可见，对传统村落的保护应该是迫在眉睫，是当今应该重视的一项工作。对传统村落保护，实际就是对其具象的形态、色彩、场所和抽象的情景、意象等的保护。民居建筑属于具象形式，其空间、色彩、材料是构成传统村落文化和意象的前提,作为群落中的单体建筑,更应该强调保护的办法和措施、预计未来的结果和做出相应的对策等。

6.1　道孚崩科建筑发展的保护措施

　　道孚崩科建筑发展的两条路是保护与改造,保护传统道孚崩科建筑现存的数量与聚落空间形态,以及建筑形式、营造技艺和村民基本的生活方式。然而目前的新农村建设,快速城市化和盲目跟风建设,大量复制所带来千篇一律的规划结果与建筑造型(见图 6.3),引发了当代人的反思,这种千城一面的现象,表现在少数民族地区的城市建筑上毫无地域特色。于是人们要求对少数民族地区传统的建筑进行保护。是否所有传统的东西都要保留沿用,答案肯定不是!因为我们需要有取其精髓、弃之糟粕的科学态度和理性的判断力,而非盲从不加论证地对比分析,一概而论地保存。这正如 1964 年 5 月国际文物工作者理事会(International Council of Museums,ICOM)在威尼斯召开国际会议时通过的《威尼斯宪章》,明确提出了"历史古迹的概念不仅包括单个建筑物,而且还包括能从中找出一种独特的文明、一种有意义的发展或一个历史事件见证的城市或乡村环境。凡传统环境存在的地方必须予以保存,决不允许任何导致改变主体和颜色关系的新建、拆除或改动"[30]。道孚崩科建筑并非文物,然而作为传统聚

图 6.3　千篇一律的建筑造型

落文化和建筑形式应该给予一定的保护,留下该地域独特的民族文化,是今后人类了解道孚县域乡村环境的重要物证。于是,笔者拟提出以下几种保护措施。

6.1.1 保护道孚崩科聚落空间的原真性与整体性

原真性是文物工作中常用的一个概念。它是定义、评估和监控文化遗产的基本因素,不改变文物原状,全面保存并延续其历史信息及全部价值,保护的目的是真实的,不能有任何破坏和修改它的历史因子。正如我国著名的建筑史学家罗哲文先生所提到的:"只有它的原貌,也就是开始建筑时的面貌,才能真正地、确实地说明当时的历史情况和科学技术水平,任何修改的、不按原来式样的,不论是好是坏,都不能说明当时的真实情况,从而也就有损于它作为实物例证的科学价值。"[31]道孚传统聚落空间虽然还谈不上具有文物价值,但是作为当地土生土长的历史村落,它反映了当地人们的生产方式和生活习俗,更体现出少数民族因地制宜积极适应当地环境的居住空间和历史轨迹,是人们了解其营造建设的重要依据。因此,对于道孚地域崩科建筑组合的聚落空间应注意以下四点:首先,应该保护它的空间构成,聚落组合形式,聚落风貌的连接关系;其次,保护聚落空间中的构成元素,如植物、小品、设施、建筑等;再次,保护聚落空间聚集和分散的公共场所,因为他们是村民相互交流和聚众活动的地方,有文脉延续的作用;最后,保护聚落空间的各条交通路线,合理规划,加强联系(见图6.4)。

图 6.4 村寨空间的构成元素景象

整体性指聚落空间中完整的保护措施。目前对于传统道孚崩科建筑的保护应有一个整体的保护观念,避免局部保护和分散保护,这两种都属于不完整的保护思想与方法,难以对整个村落的物质遗存和文化、艺术、行为、习俗等进行合理的保存,缺少整体的、系统性的治理和综合性保护(见图6.5),属于片面和残缺的方法。那么只有将传统聚落空间的保护纳入整个发展系统中,才能使得道孚聚落空间形成良性的、快速的、持久的发展,让聚落资源得到统筹性的综合利用。道孚地域属于藏族文化活动圈和青藏高原的生态环境带,其独特的自然环境和文化基础均成为可利用的资源。在生态旅游经济发展条件下,通过地方政府指导和村民自发的努力改善,交通环境的变化,以聚落空间连接自然景观形成一路一景的方式,打造高原特色的地景文化;以市场运作和政府统筹规划,不断将分散的传统聚落与自然景观整合一体,发挥保护性的作用。政府部门应制定相应的保护措施,以科学有效的引导机制和管理制度,建立一整套行之有效的管理方式和规划系统,公众参与,资金监管,大力宣传,积极调动各部门支持传统聚落的可持续发展,只有这样,才能真正保护好道孚聚落空间的原真性和整体性。

图6.5　道孚崩科聚落综合性保护状况

6.1.2　保护道孚崩科建筑的形貌与维护周边生态环境体系

　　道孚崩科建筑是道孚景观中的一绝,它既是聚落空间形态构成最重要的因子,也是特色突出的藏族民居建筑,其独特的价值不亚于村落的构成形态。因此,对于它的保护非常重要,但保护并非"全面保护",而是有主次和价值、人与自然的保护,对当今时代和民族文化有利的保护,能促进地方经济发展的保护;要从建筑周围的生态环境给予保护,了解维持道孚崩科建筑稳固存在的气候、地质、地貌、植被、日照、风向、风速和温度等因素,与建筑之间外部空间的互补性(见图 6.6),建筑构成天际线与整体环境的和谐性保护;了解建筑被使用时对自然和生态环境等影响程度的大小,更重要的是分析建筑材料的持久性,能否继续维持自身状态,安全使用;保持结构牢靠,无松散,建筑体量大小和室内空间、装饰等现存道孚崩科建筑形貌尽可能避免改变。

图 6.6　道孚崩科建筑之间外部空间的互补性

"建筑是凝固的音乐"[32],体现了建筑身上隐藏着巨大的民族文化和生活信息。道孚崩科建筑作为藏族民居历史演变的物质载体,记录了康巴地区藏族人生活、劳动的行为方式,折射出建构技术的水准,还蕴涵着藏族的文化、信仰和习俗。它是当地藏族先民留给本地道孚人的文化财富,但在新时代、新时期弃旧立新的浪潮中,传统民居作为一种不可再生的资源,一旦被拆除,就不能真正地被重建。即使复建,也失去了原来民居的本真特征和历史价值(见图6.7),所以既要保护现有的传统建筑,又要建设适宜当代需要的道孚新民居。于是,对于道孚崩科建筑的保护,归纳起来主要有以下三点。

图6.7 复建的现代道孚崩科建筑

(1)保护建筑周边生态环境不被破坏。传统道孚崩科建筑因顺应自然的地势修建,当时的设施和设备少,全凭人、畜之力进行场地平整。那时道孚先人对大自然的敬畏和恐惧是因为无法揭示各种自然现象,于是在这块地域的建筑就只能顺应地势和气候环境,因势而建造木构架房子。修建前后,道孚人要进行大量的占前卦后仪式,有意识地希望新宅能顺利圆满完工,保证家人幸福如意。其中的仪式就有敬山神和土地神,象征尊重自然之神,实际表现是建筑对周围环境的依从,也是当时道孚人对生态环境尊重的体现。有了这些活动仪式,当地人就会感觉到他们的崩科建筑与其环境是统一的,建筑才能坚固和吉祥。因此在道孚人心目中,仍然有屋靠山的修建方式(见图6.8)。即建筑坐北朝南,或根据日照和地形坐西北向东南的布局方式,崩科建筑与周围的地形环境结合,运用当地土石和木材作为建筑材料,要求保温防寒,安全防震,有满足生活的水源和劳动的土地,以农耕和牧业的方式生活。周围环境解决了每栋崩科建筑的排污和交通路线,以及预防野兽的攻击,依此在自然环境的簇拥下,人们与建筑和谐相处,共生共长,使得崩科建筑来自于自然而高于自然,最后耗尽终结又回归于大自然,直至被人们再利用,构成了有机的物质机体,充分呈现出可持续发展的蓝图,也是生态环境体系的循环工作形式。

图 6.8　屋靠山建筑方式

(2)对道孚崩科建筑本体形貌的保护。建筑如容器,这正如春秋时期的道家学派创始人老子所说:"埏埴以为器,当其无,有器之用,凿户牖以为室,当其无,有室之用。"[33]实际上就表达了器与建筑之间的比照关系,它们有许多相同之处,有内与外,便形成了可用之屋。道孚崩科建筑的形式在川西地区及青藏高原独树一帜,较有特点,是木材构架的房子,井干式、灯笼式又称为崩康式和崩空式。当地人对它有许多称呼,然而通称为"崩科",用"科"意味着有自己的建构体系和巧妙的结构节点。道孚崩科建筑以木材为主,无论是建筑结构还是墙体、家具都有装饰,耗材大,建造至装饰结束的时间也长,因此修建一栋新的道孚崩科建筑费时耗财。为了控制对林木的乱砍滥伐,在当今生态环境日趋恶劣的情况下,应该制止修建新的道孚崩科建筑,并加强对现存传统道孚崩科建筑的保护与管理,建筑结构技术的保存,汇成资料留存,今后作为维护这类建筑的技术手册,为恢复、扩建、改建、重建起到支撑作用(见图 6.9)。同时,建筑的体量与形式不宜变动,保护传统的比例和大小,达到自然环境和建筑群落、聚集空间的原型风貌相协调,让人有真实的场景意象,不允许改变色调和图形原貌,对存在时间久远导致模糊的或残缺的部分给予修复,专门聘请一些传统工匠,组成具有修补能力的工作队伍,定时对每栋道孚崩科建筑进行检查或信息收集,然后再分时修复,保护传统道孚崩科建筑的安全与稳固。相对而言,目前新修的道孚崩科建筑应给予一定的调整和改良,而不能一如既往地再砍伐大量的树木模仿传统的崩科形式建造,以可持续发展的生态观念进行宣传和教育,为道孚地区的健康发展作出贡献。室内已有的装饰形式应给予保护,然而还未完成的彩绘、雕刻要进行改良,做到主次分明,有统一的绘制方式,改变传统重局部雕饰、突出眼花缭乱的视觉效果、使人看后常产生错觉和不清晰的弊端;积极保护道孚崩科建筑本体内外的形貌和装饰,也是保存道孚的文明发展历史。

图6.9　改建和重建的道孚崩科建筑

(3)保护道孚崩科建筑在当地人生活方式和行为习惯中的角色,提高收入,发展旅游经济,规范其行为。道孚的崩科建筑和传统聚落较多,时间长则百年有余,短则几十年,许多聚落形成早,形态自然而有机的特色尽显。其内部流露出当地人世世代代的生活痕迹,产生了许多外部的聚集空间,出现很多传说故事,流传至今,还保留着他们祖辈传承下来的生活方式和行为习惯;辐射出大量的思想、信仰内容,有其丰富的文化内涵。而建筑和外部空间理应成为这些生活方式、文化内涵的中心,也是他们活动的场地(见图6.10)。这些场地里有如此多的内容和文化,才会让那些聚落和建筑形成较强的生命力,维护得十分完善,显示出热闹繁荣的景象,而非荒凉和废弃的情况,如鲜水镇上的胜利村就是这种场景的反映。总的看来,是因为村落中有土生土长的道孚人,他们在村里生活、劳动、学习和工作,让静止的环境和建筑互动起来,它们之间有联系,产生了交流声气。并且以自组织和修复的方式形成自我的保护功能,完善着村落和建筑的生命,所以它们的生命周期完整,崩科聚落和建筑使用过程较长。

图 6.10　当地外部空间和活动场地

然而随着经济的发展和城市化进程的加快,聚落中一些道孚人开始到城市工作,增补家里的收入;还有一些人家搬到城市居住,时间久远聚落里变得冷清,造成道孚崩科建筑部分破损且无维护,致使建筑出现倒塌的危险(见图6.11)。同时,交通的发达,很多慕名而来的游客又源源不断地进入道孚,参观各个聚落空间,了解当地民族文化,他们被这高原的崩科景观所吸引,于是旅游经济就促进了当地聚落的再次发展,一些在外地务工的村民回到家乡,开发乡村旅游和"农家乐",打造各种特色的观光项目,使家家户户的收入增加,有"不出户增收入"的说法。伴随着发展问题也出现了,当地人为了更好的经济效益,开始乱建乱搭,破坏原有村落的脉络和建筑形式,使传统有序的聚落空间变得混乱无序;滞后的卫生设施、环境污染、排污超负,用水量不足凸显,经营行为不够规范(见图6.12);旅游发展了,经济增长了,原有的生态环境却遭到了极大的破坏。在当地以保护道孚崩科建筑和传统聚落方式为前提而发展其旅游经济,一定要提前借鉴国内外优秀的乡村开发案例,科学有序地解决上述问题,重点规范村落内"人"的行为，提供一定量的服务设施和生活资源，保证人在其中有序幸福地生活，才能持续发展和保护道孚崩科建筑的内外形貌。

图 6.11 破损的危险建筑

图 6.12 乱建乱搭改变了原有聚落和建筑形式

6.1.3 保护道孚崩科建筑的文化特色与室内设计

道孚民居中崩科建筑特色非常清晰，外观简洁，形式和色彩明确，红白相映，由浅黄色来调和两种色彩，加之崩科建筑上灰色的投影，让规则的建筑几何形体具有强烈的体量感，更多了几分现代建筑的神韵。柱、枋上的吉祥八宝图案，突出建筑的民族特征，有了高原藏族信仰的印记；厚重的土石夯筑与轻巧的木构框架对比明显，它们都同属于自然材料，在建造完成后，使得道孚崩科建筑依然有当地自然环境的属性和色调。三种材料中土、石都置于水平面上，而木材则是垂于地面的承重材料，当地人合理使用这些自然材料建造崩科，成为道孚早期人类的栖居之所。道孚先人用树木搭建墙体构成最早的窝棚建筑，发展至今成了柱梁与井干的崩科形式。建筑以两层为主（很少修建三层，如果有第三层也是作为经堂或储藏间），底层常为家禽的空间，二层是人和"佛"居住的地方，人畜分离，致使净与脏也区分开来，这完全不同于其他藏族地区民居修建三层为"佛"居住的做法（见图 6.13）。道孚崩科建筑的空间特征让"佛"与人更加亲密，距离更近，互动和朝拜时间更长。道孚崩科建筑特征不仅局限在外观的面貌上，还体现在室内空间布局和装饰中。道孚崩科建筑室内设计较为复杂，有明显的功能特征，依然按照藏族人的生活习俗布置房间；人们进屋便是底层家畜活动的地方，也有堆放五谷杂草和放置劳动工具的地方，它们是敞开的通用空间，密柱粗犷的构造搭接，一目了然，不加任何工艺手法，更无装饰（见图 6.14）；底屋净高较低，只能容纳成人在其内正常走动而不能有跳、跑之类的行为；空间

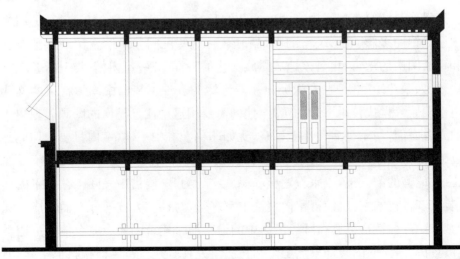

图 6.13 道孚崩科建筑两层的生活功能空间示意图

无隔断,房主根据饲养家禽的数量和品种多少,自由随意地划分该层的使用面积,其内部穿行的过道也是零散布置;室内光线暗淡,也不容易在内部走动,基本上只有家里的长辈才能在底层劳动。而到了今天,当地人生活富裕后,很多村落转为城镇,于是底层不再是圈养家畜的地方了,它变成干净、清洁、空间分隔清楚的居住房间了,临时成为客人的住房,还有小商店或车库之类。传统的石墙和木墙被打通,改造成门洞和窗口,改善了底层内部的采光和通风,这种特征是道孚崩科建筑适应时代和人居住的需要而转化的形式。

(a) 粗壮的密柱搭接构造　　　　　　　(b) 无任何装饰的底层室内空间

图 6.14　道孚崩科建筑底层的室内构造与装饰情形

　　道孚崩科建筑二层室内有明确的装饰且富丽堂皇(见图 6.15),墙面立柱、屋顶全是艳丽多彩、五彩缤纷的图案和雕绘,这些民间艺术散发出藏族雕绘技艺和生活阅历的魅力,更是该地域藏族文化的特征反映;室内精雕细作,繁盛的色块,让人眼花缭乱,是主人积极向往新生活的表现。装饰中图形代表的文化是道孚藏族人世代传承下来的精神,他们需要用这些浅显易懂的图画表现出生活的方方面面,使子孙后代都能知晓,犹如印刻在心中一样,室内只要木构能画的位置,都会被涂饰。因此,道孚崩科建筑室内装饰在保护木材和雕刻不受腐蚀、虫蛀危害的前提下,以宗教题材和民族文化为基础,借用民间工艺美术的形式,装点着各自的家庭,使得室内装饰丰富多彩,与朴实大方的外立面形成了强烈的反差,这种特征只有在藏族民居中的道孚崩科建筑中才能完全体现。道孚崩科建筑室内立面的装饰虽然工艺和技法讲究,图形复杂,装饰材料也多样,但是它们的室内平面布局更是道孚建筑的一大特色。道孚崩科建筑室内二层的空间,其功能分区明确,但由于建筑结构为框架式,围合空间的墙体早已有了基本模数,如客厅占四空,卧室占两空或更大,经堂占一至两空;厨房与餐厅共占三空等,成为室内空间的基本规律;功能房间依据采光和朝向而定,家人使用的房屋空间在东面、南面,辅助用房在北面或西面;而污浊的卫生间单独分离出去,位于室外一角,实用合理。

图 6.15　道孚崩科建筑二层室内装饰富丽堂皇

　　道孚崩科建筑室内空间设计符合现代设计功能原则,分出了室内各个功能的大小空间,有主有次,室内家具和陈设也是按照空间作用布置和摆设的,因此在保护道孚崩科建筑室内空间的同时,也应该保护它们的家具和陈设。当地室内家具有藏椅,又名卡垫床(见图 6.16),其上雕刻和彩画较多,十分复杂,常设在起居室或客厅中,既能坐又能卧,当家里来的客人较多时就直接在上面铺设床单和被盖(见图 6.17),该家具立即成为临时可供休息的床。桌子与茶几均类似藏椅,搭配布局,成为藏族不可缺少的起居家具。现在当地人也习惯在卧室里摆放床,保证家人睡眠的可靠性和舒适度。其他的家具和陈设,如供案、佛龛设于经堂内,上面满布雕绘和图案,同墙面、吊顶共同组成雍容华贵的室内环境氛围。

　　总的说来,道孚地域传统家具与陈设上的装饰受外来文化影响较大,在本身藏族装饰纹样的基础上,大量融合了汉族图饰与技法,如彩画中的长寿图、金龙,还有沥粉堆金等,最终形成了地域性强的道孚崩科建筑装饰,以及室内外家具和陈设装饰的多样性特征。同时,使当地民族文化呈现出多元化和独立表现共存的状态。

图 6.16 当地室内的卡垫床和茶几

图 6.17 道孚崩科建筑室内的藏椅雕刻

6.2 道孚崩科建筑发展的改造建议

道孚崩科建筑在藏族民居中,虽然特色明显,结构和形式新颖,技术和艺术结合紧密,但是在历史的发展过程中,它也存在着一些不足和缺陷。例如,防寒、保暖性不够,容易起火,房屋建造内外装修完工时间过长,装饰胭脂味较浓,涂饰过多,对木材要求较高;房屋空间结构整体性不够,建造耗时耗力、费材;民众之间攀比成风,相互模仿,形式雷同(见图 6.18)。在当代建筑技术和生态环境、经济条件下,传统的道孚崩科建筑早已不能适宜当代人们的物质生活要求,仅仅因为旅游业的发展和地域风貌的改造而不断仿古造屋,势必会造成修复重建崩科现象出现,这与现代科学技术赋予的新建筑形式不符合,与时代的功能和生活需求相矛盾,最后影响当地人追求新技术、新环境的要求,难以为社会提供安全舒适的物质条件。于是在传统的道孚民居发展过程中,应正视当地崩科建筑的不足,有针对性地提出改造建议,使当地人民生活安全,地域的建筑文化得到较好的传承和保护,与时俱进,科学与环境共生发展。

图 6.18 相互模仿的室内装饰

6.2.1 道孚崩科建筑类型学的方法设计

新材料的诞生与发展,让许多传统建筑的面貌与结构发生了较大的改变,顺应着时代的发展,新技术层出不穷,形式的革新也有了质的飞跃。钢筋混凝土与玻璃材料是 20 世纪至今全球主要的建筑材料(见图 6.19),它们质地坚硬、生产量大,刚性、韧性和可塑性强的特质在现代建筑中发挥着主导作用,于是城市建筑高楼林立、高密度随之出现,地下结构和空间等都在使用该类材料。而农村乡镇也在不断以这些材料建造民居和公共建筑,相应的配套技术和构造也在不断进步,致使各种类型的高低建筑有了标准化、工业化、集中化的特征;还有使用率高、功能强、抗震好、保温隔音与低密度的优势。

图 6.19　21 世纪的住宅

　　道孚崩科建筑仍然在延续传统建造模式和技术手段,对自然生长周期长的林木依赖性极强,而自然环境中树木的减少恰恰又是破坏生态环境的一个诱因,因此在全球生态节能和可持续发展的倡议下,此种做法与这些倡议格格不入,对当地及下游的地质、气候环境造成了极大的破坏影响,长时间来看,它是不符合人类社会和当地经济、自然环境发展要求的,更不适宜城镇建设,最终会有所改变。因此,与其将来再做调整和被迫似的革新,不如提早做预防和创新。通过长时间的实践积累和创造,寻求现代道孚崩科建筑发展的样式,保证道孚崩科建筑与时代共同进步的趋势,而非固守旧俗保持原貌不变。从建筑的发展看,笔者以建筑类型学的理论改造和保护传统的道孚崩科建筑,并以此理论为基础,建造道孚地域的现代崩科建筑,而不是继续运用传统建筑修建的模式和方法。从建筑的时代性与明确性方面进行对照,发现修旧如旧已不能满足当代社会科技、经济和当地人们生活的多方面需求,亟需对道孚崩科建筑进行变革和创新。

　　类型学是 20 世纪 60～80 年代出现的建筑理论。意大利类型学建筑师阿尔多·罗西认为类型学已广泛存在于分析建筑运动的方式,在城市层面上可以更好地总结它的特征,而优于单纯考虑风格和造型的问题。他曾说:"类型学的重点,即类型选择的重点,过去、现在对我来说都比形式风格的选择重要得多。"[34]致使风格问题就退居于"类型"这个基本思想之后了。类型学的特征是寻找一种有机的保持一定结构稳定性的媒介,来传递社会组织、文化意识、地域历史特征、行为模式等因素的演变(见图 6.20)。魏春雨教授在《营造》一书中论道:"作为一种归类分组的方法体系,能够把具有相似结构特征的形式归结分类,并在此过程中归纳并呈现特定文化背景和人脑中固有形象,寻求一点点发展起来的和历史发展相关的解决途径,而不是悬浮于'风格'之上。"[35]这是类型学方法的特征体现,"类型,系指按照事物的共同性质、特点而形成的类别。性质特征相同或极其相近而形成的群组为其主要内容。"[35]这里的群组可以是类型形成的前提条件,而非单体。类型学是源自考古学中的研究方法,即标型学,是指将同一门类的遗存之物,根据其特质和形态分成不同类型,以研究其发展的序列和相互间的关系。建筑设计应用此方法时间也不长。阿尔多·罗西善用简洁的几何形体类比于事物本质,经过其重构,转译形成民族、地域文化极强的建筑作品;正如他所说:"由简洁的几何体所构成的严格世界"[34]。在其作品中也表达了他对于解析几何形体的忠诚(见图 6.21),据说他会把自己的想法转化为简单模型去欣赏,去评述,用鲜艳亮丽的颜色装点它们,再添上条纹、方格等之类的装饰。他曾设计米兰的加拉拉特西地区住宅联合体(见图 6.22),就是用圣洛克地区的类型学,以当地庭院为基础,建筑来源于柱廊和侧廊,建筑沿两廊横向展开,类似于中世纪建筑沿古街道

图 6.20　伯克诺山的小住宅[34]

修建的方式形成横向构图,但所有建筑柱子并未采用石材或铸铁,而是用混凝土材料建造,它们的形式和型制有相似的结果。这正如《营造》一书中所分析的那样,类型学是功能的类型与形式的类型,而此建筑设计手法恰用到了形式类型法。

图 6.21 苏德里奇城市住宅区改造设计的简单几何形体表现[34]

图 6.22 米兰的加拉拉特西地区住宅联合体[34]

道孚新崩科建筑以类型学理论考究其革新,遵循其地域性、历史和文化的典型形式,一般由历史经验积累而成,并且深深地烙上了当地民俗、民风和地方文化传统的印痕,区分了地域性中传统结构的类型。建筑结构早已适应了当地的地势与气候环境,有自己独特的类型本质,如井干式演变成当代的梁柱结构形式,以比较和推论的分析方法,考虑组群设计的整体性、系统性、连续性,认识现代道孚崩科建筑的有机性和组群性、地域性等内容,仔细考虑周围环境和建筑的体量、色彩、形态、组群关系,取得统一性。然后将其类型转换,由深层机构的基本相似到不变形态的情况下,表现出机构的不同组合,在原有类型中产生新的形式表现,以构成形式中的近似和特异景象,这种转换是一种创新和不定性的表现。从某种意义上讲,比建立全新的崩科形式更具有实用性。这源于它容易在新旧形式或建筑组群之间产生整合效果,有利于类型转换,处理组群和单体建筑的新设计,而不是简单的建筑新旧符号与片段的拼贴装饰形式。除此之外,还可尝试以符号学的理论研究道孚崩科建筑的革新发展,产生更丰富的研究成果。

6.2.2　道孚崩科聚落空间的景观设计与新建筑设计的要求

道孚县域内各个村寨都有不同形式的聚落空间,但归纳起来还是如前所述的山谷河岸形、山腰缓坡形、山间台地形,它们形式丰富,有机构成,无人为规划痕迹,呈现朴实自然的特点。这些聚落空间保持原始风貌,延伸至今无雕饰,同粗作的岩石和夯土之间保持着自然的肌理,形成浑然一体的效果。聚落空间内的景观也是天工和人为所作,只显无意的铺设和功能划分,尽留下无序的风貌(见图 6.23)。然而在当今农村旅游经济发展中,人们的生活水平不断提高,各种娱乐设施、体育器材和景观设计的需求,急切反映了乡村和城镇中人们的精神生活需要。于是无论发展农业旅游还是改善当地农户的生活要求,都需要对室外的景观进行整合或规划设计,使其聚落景观与建筑的设计相一致。

通过道孚崩科建筑室内特征知道,道孚地域的民居——崩科建筑室内装饰风貌是当地的景观之一。道孚崩科建筑的室内是当地人花很长的时间重点装扮和点缀的,可以看做是倾全家之力进行美化的结果。而针对室外的空间景观设计,却是以各自村民利益为主,划分用地界线、分隔区域,呈现平面格局。这种平面格局的形状不同,邻里相互间不能侵占和越界,除非房主允许,这种结果终究会导致室外的空间破碎,相互之间不协调,格调不同和无统一的聚落空间策划和景观设计(见图 6.24)。于是,聚落中只有崩科建筑的营造和装饰形式

图 6.23　岩石与夯土之间保持自然肌理的道孚崩科建筑

图 6.24　格调不统一的聚落空间与景观

以及精雕细作的技艺,却缺乏相应的村寨景观。因此,通过对道孚所辖的村寨进行田野调查情况分析,笔者认为道孚的崩科聚落空间需要景观设计,与村寨周围的自然环境和原始地形相联系,设计出形式和意境一致的地域景观;并且景观设计还要有规范当地村民行为的作用,结合民族文化和行为习俗,达到丰富室外空间的景观效果。

　　这种景观设计,既要基于当地的习俗和行为模式,更要有简洁的、自然有机的形式和因地制宜的材料才能形成。而非把城市公共景观的设计理念直接拿来或植入到道孚村寨的景观设计中。如果当地依然采用城市景观设计,那么其表现的效果将是水土不服、定位错误。这种不足表现在:西方规则的几何形,严格对称的构图布局,空间规整而开敞;铺装图案抽象化,材料同质化;甚至大量使用金属和钢化玻璃、混凝土等现代材料,使其设计建造的景观无乡土气息和朴实的自然肌理。反而是与地域脱节,无当地形式和文脉的联系,难以有融洽和有机的整体感。根据以上的分析,建议道孚聚落空间的景观设计要注意如下三点:

首先,道孚聚落空间的景观设计应该在原有公共空间的基础上,适当进行修饰和调整,加强空间的功能性,整合无效的用地,统一规划成聚集场所。对原有村民集中的场地,补充其辅助功能。如集会活动的坝子、体育运动的操场、交通所用的道路、宗教活动场所等,以及位于主体空间中有一些活动的设施,这些设施给当地人提供了锻炼的机会,将它们整体纳入到景观设计中。其中原有公共空间内有大到建筑,小到植被的元素,新的景观设计就应该采用加法设计手法将那些元素转换成不同功能的景观小品,起到丰富新景观空间的作用。

其次,景观空间中所有遗存下来的元素,应尽量保留,只对其外形进行修饰,在顺应地域环境的条件下考虑景观设计,营造原有场所的氛围。而非大刀阔斧地对该功能空间重新划分和定位,这样的规划设计,一旦让村民们进入该景观场地就难于找到熟悉的环境韵味。因此,设计师在进行道孚村寨聚落空间景观设计时,只需对原有场地略作清理和补充,使其杂乱的环境和不宜的事物消失,所以道孚聚落空间的景观设计应少用减法手段,多用加法手段。

再次,景观设计中的材料,尽其所能采用当地原料,少用城市常见的钢筋混凝土和玻璃等景观材料。当铺设地面的硬砖时,建议不用规则的花岗岩、混凝土砖、荷兰砖,以及混凝土现浇或沥青地面,而应该采用当地的石材和鹅卵石,再结合混凝土共同铺设(见图6.25)。如果以石材和鹅卵石为主,那么黏结材料就为辅,设计铺出有规律的景观格局。同时,景观中的高台与设施,最好用夯土砖或石块、砖块叠筑,还可以用木材或钢筋以"笼"的方式砌边框修整设施和高台的边界,达到规整的点缀作用。花坛、护栏、挡土墙都可以采用类似的做法,尽其可能场景中相关的事物都采用此法,达到景观小品与环境、建筑的协调统一,成为较好的背景作用,来衬托场所内的人和建筑等主体。

最后,聚落空间的景观设计应考虑设置安全性的设施单元,尤其是防火设备和抗震设施,它们虽然体量小,位置不明显,但是保证了道孚县域各个村寨聚落的安全,还有道孚崩科建筑的完整,以及村民们的生命与财产安全。

现代道孚崩科建筑的修建,需要按照国家的《住宅设计规范》(GB50096—2011)和地方法规《四川省绿色建筑设计标准》(DBJ51/T 037—2015)的要求设计。而现在道孚村寨中出现了许多村民自建的现代道孚崩科建筑,它们呈现出三种形式:第一种,是拆旧建新(见图6.26),新的建筑完全仿照传统道孚崩科

图 6.25　石材和鹅卵石铺装的路面

图 6.26　仿崩科建筑造型的现代道孚崩科建筑

造型营建,大量远距离地购买和运输木材,成本增加,耗时耗力,致使当地新房与周围旧宅相似。第二种,是当前旧宅面积较窄,不够家人生活所用,于是他们就在现有道孚崩科建筑周边搭建新的房屋(见图 6.27)。其造型与旧宅之间联系少,因为是根据家人需要建造的,结果其造型和材料表现就不一样了。扩建道孚崩科建筑主要表现在选用大量的木头和石材、泥土等材料修筑,还有一些

第6章 道孚崩科建筑发展的保护措施与改造建议

图 6.27 旧宅旁搭建的新房

采用砖块和混凝土、钢架等材料建造，进而形成的格调是新颖和时尚的体现，所用新材料的建筑同传统道孚崩科建筑不符合，常常造成新旧对比不协调的视觉效果。第三种，是现代建筑材料修建的道孚民居（见图6.28），其形式和川西汉族民居相同，砖墙结构，以砖石材料为主，木材为辅，建筑平面呈规则图形，屋顶为两坡顶或四坡顶，无明显道孚崩科建筑的特征，仅在室内装饰上表现出它们的共性，那就是繁复的图案。

而那些新建或扩建、改造的道孚崩科建筑，应考虑国家规范的要求，因势而造，提出如下几点建议和要求：

第一，在高原地区为了防止和抵御寒冷、疾风、暴雨、积雪、沙尘、酷热等自然气候的侵袭，在新建筑建设之前，建筑选址、基地的高程、建筑基础、材料结构使用与排水系统等应重点考虑规范要求，对它们进行充分规划，完善设计，否则将影响到新建筑的保暖防寒、坚固安全、阻挡风雪和预防地震的作用。根据各自

图6.28 现代材料修建的道孚民居

家庭的需求和经济状况修建和扩建的新房,应该提早考虑建筑物在使用过程中产生的垃圾、废气、污水等处理措施,便于今后建筑物在营运中健康绿色地发展。

道孚崩科建筑以前没有考虑现代交通工具的停车区域和无障碍设施之类,那么当地人在扩建或改造的新建筑周边就应根据《住宅设计规范》(GB50096—2011)提前考虑到,不然就会导致新建筑环境杂乱和偶尔通行不便的结局。建筑物与相邻场地之间要依据《建筑设计防火规范》(GB50016—2014)要求设计,还有建筑物与构筑物之间要达到日照标准及采光需求;防止地质灾害发生,以及消防考虑和人员集散场地建立等的设计。

第二,基础中竖向设计使用的坡度数值的控制范围应满足建筑安全的技术参数,有条件的应现场验证方案的合理性,竖向是否利于地面雨水的排放,工程管线的布置和埋设,它与建筑物、行人、普通机动车辆间的距离,这一切是否安全,予以充分论证设计。

第三，特别要重视门窗材料的选用设计，它们具有节能、密封、隔音、防结露、保温等规范要求。因为门窗具有抗风压和水密性、气密性的国家标准做法，这就要求门窗与墙体连接牢固；同时对传统木材与现代塑钢窗户或铝合金窗户的结合尽可能选择对应的密封性材料制作。

第四，改进现代道孚崩科建筑的基础设计，强调基础材料和地面垫层等技术指标，达到安全和舒适、耐久与抗震的作用。

6.2.3　道孚崩科建筑的防火措施、基础和结构加强以及保温增强

现在道孚崩科建筑依然根据传统的章法与形式建造，组成聚落空间，其空间内的安全设施（见图 6.29）因人因地而异。不同的场地，由临近的村民摆放些简单的设施，其中公共的防护设施非常缺乏。防火就是一例，道孚崩科建筑里外几乎全用木材搭建，从主体结构至围护墙体，再到装饰构件等几乎都是这种材料，它们在干燥少雨的区域容易出现发生火灾的情况。然而道孚崩科建筑单体常常按照族源和血缘关系建造，它们依据地形条件形成屋群，组成固定的聚落，当地人世世代代集中在一起生活，相互依赖和帮助，共同发展，往往各自增建的房屋平面呈无规律状态，于是聚落间空间时而变小、时而宽敞，村民又随意搭建小偏屋，占用公共空间，从而使得建筑之间干扰加大，密度增强。如果偶遇火灾情形，必然导致全寨房屋出现连续受影响的情况。

图 6.29　当地城市空间中的设施单元

对于传统道孚崩科的聚落空间,应该按照国家和地方政府的规范,强制性增加防火的公共设施,在人们活动的半径之内,要有满足村民快速逃生的安全通道并设置一定宽敞的平坝,当突遇灾难时村民们能迅速逃生。那些逃生路线和平坝应时刻保持畅通无阻,不允许村民私自占用。同时,平坝日常还能作为当地民众聚会、办宴席等活动的地方;当旅游季节来临时,这些地方也能提供农产品出售,临时成为农贸市场(见图 6.30)。在对单体建筑的调研过程中,较少看到当地各户室内外放置灭火器等消防设施。这些消防设施非常适合普及家家户户,起到预先警示和防范的作用;也可在当地条件较差的山区中公共空间里由专人管理这些器材,遇到灾害发生时能够第一时间取得那些消防器材,最快到达灾情地点扑灭火灾。道孚地势复杂,不能普及备用消防栓,要因地制宜,尽可能考虑引山上之雪水在村中适当的位置建设水池,以作为防火、扑火的水源,也可利用自然山水进行就近防火,达到快速灭火和预防灾害的目的。与此同时,村中消防所用的水池还能作为景观,也能成为较好的公共防火措施;新修的道孚崩科建筑要多注重建筑间的防火间距,最小应控制在 6.0~9.0m,同时要考虑防火墙的砌筑以避免火灾传导。

图 6.30　当地民众聚会活动的平坝

传统的道孚崩科建筑应加强基础建设,保证其基础的深度及形式。一般根据地质和地形条件、土壤性质,采用条形基础作为低层建筑形式,因此这种形式无论在我国华北平原地区还是高原的藏族地区,均可运用。当建筑物上部结构采用墙体承重时,基础多沿墙身设置,埋于坑中呈长条形,建筑基础用条石或混凝土浇筑而成,质硬,承受力大,整体性较好,保证其墙体的稳固作用,不会产生不均匀沉降和位移等问题。例如,四川高原地区藏族的石筑碉楼和碉房(见图6.31),就宜用这种基础形式,在地震烈度大、地震频繁区域较适合。道孚崩科建筑因木柱承重为主,墙体为辅,结构类似于框架式,因此可采用另一种独立基础形式,其基础平面和剖面为方形或矩形,采用钢筋混凝土浇筑,对道孚崩科建筑的抗震性能具有很好的支撑作用,然而这类形式的砌筑材料需从外地运送,废时耗材;还有一种在场地条件十分差的情况下建筑物较宽,进深较长,为了提高建筑的整体性,预防各柱之间产生的不均匀沉降,最宜将柱子下的基础沿着纵向与横向两方连接,构成十字交叉的井格基础,保证其上道孚崩科建筑结构的坚固性。然而这类形式同前面的独立基础非常相似,也耗材,需要培训专业的工人去做,因此相比而言,在贫瘠和教育程度欠佳的藏族高山地区是不适合采用的基础形式,于是就可选择条形基础增强木质结构的韧性和刚性效能,达到抗震的目的。不宜消耗树龄更长、树径更大和更多优质的树木材料,去搭建房屋结构,必须避免传统的认识和想法。

图6.31 高原的石筑碉楼景象

道孚崩科建筑的结构弊端表现在:其一,依靠树木自身的粗壮和质地极佳的组合达到坚固与抗震性要求;其二,依赖结构的建造加法,不断增加木材的厚度,增加它的高度和长度等手段,防止结构松动而影响安全,出现构造复杂和传力不均等现象,反而结构自身重量不断增大,荷载传送的多样性,导致结构的不稳定;其三,树木用量的增加,破坏了当地及其他地域的原始面貌和生态系统,大量树木被砍伐,也对住户本身的经济造成压力,影响生活。墙体结构采用土石材料,砌筑的实墙与木框架结合承重(见图 6.32)是当地建筑的结构体系。因为崩科这类建筑结构中墙体长度习惯依据木构架的模数而定,一些较长的石墙还有承托梁的作用,导致结构垂直受力复杂,影响到建筑整体荷载的统一性,当遇到地震时,会因为水平方向的左右摆动,从而产生受力不均的后果,表现出墙体迅速倒塌,部分楼盖构件断裂;甚至过长的石墙,中间因未设置相应的构造柱去辅助墙体的抗震性,当震级较大时,建筑就会出现大面积塌陷的现象。因此,对于传统道孚崩科建筑应进行构造柱和横筋的增补,保证其抗震性能,让建筑生命周期更长,新修的道孚崩科建筑更应该考虑结构的规范做法和传力的直线有效性构造。

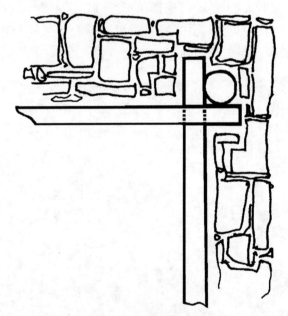

图 6.32 底层土石墙与木架结合

道孚崩科建筑的平面虽近似方形,然而进深还是大,空间略小,这就造成室内及其北部白天照不到阳光,室内光线昏暗而阴冷(见图 6.33),不利于人们的生活和起居。这种情况下,需要适当调整道孚崩科建筑的模数走向,减小进深,开间略微增加,结合当地气候条件和冬冷夏凉特点计算其尺寸,既有利于保温隔热,又能达到采光系数好的优点——室内明亮。按照国家《民用建筑设计通

图 6.33 室内北向房屋昏暗而阴冷

则》(GB 50352—2005)和《住宅建筑模数协调统一标准》(GB/T 50002—2013)所列系数,开间与进深比例一般为 1∶1.5 左右较合适,它有助于室内采光和取暖作用。道孚崩科建筑墙体大部分是单薄的木墙围护,由于这种墙体是由半剖树干上下相互叠置而成的木墙,其厚度小,一般为 0.2~0.5m,它们难以充分达到保温、隔热、隔音的功效(见图 6.34)。于是根据目前钢混和砖混结构的墙体效能,建议采用一定措施保障墙体节能和低碳的要求,以保温板内贴方式达到保温效果,增加室内温度,减小能源消耗,降低二氧化碳和一氧化碳等有害影响,强调建筑节能、热工的围护结构设计与计算,传热系数值的控制应在 $1.02W/(m^2·K)$、$1.28W/(m^2·K)$ 或 $0.70~1.00W/(m^2·K)$,窗户传热系数值要在 $4.0~4.7W/(m^2·K)$,充分满足墙体保温的效能[36]。除此之外,还有屋顶和地面、垫层及楼盖也应及时考虑相应措施,最终达到节能和低碳的物理效应,不要耗费地球上更多的能源和资源,并以外墙内保温和夹芯保温等多种方式,运用保温材料 EPS 板或颗粒、岩棉、膨胀珍珠岩等起到保温隔热,防止外墙湿气渗透。

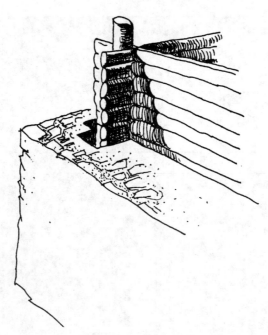

图 6.34 半剖树干上下叠置而成的木墙构造图

6.2.4 工艺美术培养和室内装饰色调改善

少数民族艺术有着地域和环境的影响,其建筑形态变化多样,内部装饰奇特,符合各自民族的审美观念,并与其他民族的认识不太相同。就道孚崩科建筑的室内装饰色彩和图案对照分析,发现它们同相邻的羌族与汉族民居室内色彩不相像。道孚崩科建筑室内讲究色彩艳丽,对比强烈,其间少用间色或复色。当地画匠选取持久、耐气候的矿物质材料,以植物、动物的体液搅和成颜色,绘制室内的各种图形彩带,然而色彩却在这里失去了它本身的性能与调和的关系,只遵循着本民族色彩配搭的文化性、象征性与符号性,象征土地就采用黄色,代表火焰和红火就用红色,以隐喻用色。

从色彩学的对比和统一原理阐述,光与色的物理关系是缺乏的,也完全脱离其色彩的本质属性,从而致使配色不协调。我们知道,一切视觉活动都依赖于光的存在,没有光线,人的眼睛就看不到一切东西,因此,颜色是通过光被人类感知的,人们常称光是色彩的基础,这种看法是很有道理的。光的物理性通常是根据振幅和波长这两个因素决定的,不同的振幅造成明暗程度不同,波长不同会形成色彩感受的区别(见表 6.1)[37],也就是色彩三要素之一的色相。

1666年,英国物理学家牛顿做了太阳光的实验,发现太阳光透过三棱镜产生红、橙、黄、绿、青、蓝、紫等原色,它们按照一定顺序分布,形成有规律的调和。然而红、黄、蓝却是基本色相,也是道孚崩科建筑室内装饰的主要色彩,他们依据信仰和象征等文化含义排列,组合形成图画,然而较少加入上述七种色彩间的过渡间色,导致色块之间不够协调,画面出现的只有对比。

表6.1 不同波长形成的色彩[37]

色相	红色	橙色	黄色	绿色	蓝色	紫色
波长/nm	700~610	610~590	590~570	570~500	500~450	450~400

从物理学上看"光",它是电磁波的部分,英国物理学家麦克斯韦证明了光是一种可见的电磁波,它由波的长、短表示,依次为电波、红外线、可视光线、紫外线、X线、Y线等,最长的波呈现红色,短波为紫色,中波为绿色。因此,光实验七原色,是由波长短的顺序排列而成的颜色;那么这七种颜色还包含了过渡的色彩,依次为黄绿、蓝绿、紫蓝、紫红、橙黄、橙红、青绿等,恰恰道孚崩科建筑室内装饰中就未呈现这些间色,以致处处体现了原色高纯度和明度的强烈对比;颜色之间相互争艳,互相攀比,面积相差无几,主次不清,从而在或明或暗的光线下,造成目眩、虚无的视觉效果和缺乏统一的色调感受。

色彩的统一是将各类颜色按照一定法则联系起来,形成整体性。依据《建筑色彩学》一书中论述"在色彩调配时,因实现手法的不同主要分为近似的统一和矛盾的统一。"[37]强调基于色彩中24色环色相90°内是相近颜色,并按一定规律排列成为统一的色调感受,其特征既有统一,又有色相的变化,形成一定的和谐与稳定之感,而非无序的跳跃对比效果。这种统一是室内与绘画之美的基本配色手段,也是人们传统审美色彩的和谐感受。例如,三原色中红色的近似色有朱红、大红、深红、橘红等;冷色的绿近似色有浅绿、中绿、墨绿等,它们都是24色环中90°内的近似色相,与"光"的波长相像,最后产生了和谐的统一感。而矛盾的统一是将色环中大于90°的颜色通过组合和排列布局,取得协调效果。要求统一中有主次关系和焦点位置,形成视觉上主次分明的对立统一,其结果常常在重点事物上绘制强烈对比的色彩,有刺激的重心作用,而背景和次要的事物也是大面积的对比色块,采用互补色(即色环上180°的任意两种颜色),如红与绿、黄与紫、蓝与橙。这些色彩均建立在一种色调基础之上,达到艺术美的对比与统一。而道孚崩科建筑室内装饰色彩繁杂而眩晕的效果,在民族图形和文化含义基础上应该加强色调的表现,控制色块面积大小相同、配色方法单一的弊端;强调主次墙面关系和体现主色调的统一做法,完善工艺美术的装饰图景内容。

首先,调整道孚崩科建筑室内装饰的构成形式。其道孚崩科建筑室内图案常以连续纹样的形式出现,画匠运用重复、渐变和近似的构成形式体现,使其单一部分整齐而规则,但就其某面墙的装饰图案看,它们有了更多的变化,致使墙面除色块对比外,图形对比也较多。是否可以根据墙的主次位置涂饰,采用整体到局部、局部服从整体的观念,以提炼或简化的方式和新的构图形式起稿绘制。例如,特异构图在建筑构件上应用,此种构图一般按照重复的形式绘制图案,但是在构件立面中有一图案体量突然变大或减小、色相和姿态等改变,然后同其余周围的图形相似,形成强烈的视觉冲击力,主次分明,达到更丰富的立面效果。

其次,道孚崩科建筑室内的装饰主体——建筑彩画、壁画和雕刻,一般都来自汉藏的民间艺人和画匠,他们大多数跟随师傅学艺,掌握了雕绘技巧;还有自学而成的画匠,这些画匠之前也有一定的绘画和雕刻基础,自幼喜爱,专门为建筑做装饰和绘画,同其他画匠相互配合,取长补短,经验逐渐丰富,技术娴熟,成为室内雕绘的画匠。然而这两类民间艺人都有一个共同特点,就是循规蹈矩,按照固定构图模式雕绘和装饰室内,从而就有了标准化的构图做法和技法,致使道孚崩科建筑每户室内外装饰都接近,观后感受均一样。那么在当今势必应该对这些民间工艺美术进行适当的创新,改变当地画匠遵循多年的雕绘技法和构图模式,在传统信仰和地域文化的基础上取得室内装饰有主次,构图形式丰富,色调统一中有变化的整体效果,最终改善道孚崩科建筑室内装饰繁杂无序、色调眩目、构图呆板的现状。

最后,重点培养民间艺人的工艺美术形式感和民众的现代审美观,加强对艺术修养的了解和训练等,让道孚崩科建筑室内装饰更上一层楼,适应现代人对民间工艺美术的需求。

参 考 文 献

[1] 星球地图出版社. 四川省地图集[M]. 北京:星球地图出版社,2009.
[2] 道孚县县情. www.gzdf.gov.cn/14166/14256/14360/2017/08/04/10589377.shtml[2018-1-5].
[3] 四川省道孚县志编纂委员会. 道孚县志[M]. 成都:四川人民出版社,1998.
[4] 道孚县地名领导小组. 四川省甘孜藏族自治州道孚县地名录[M]. 成都:四川民族出版社,1987.
[5] 费孝通. 谈深入开展民族调查问题[J]. 中南民族学院学报,1982,(3):2-6.
[6] 魏徵等. 隋书·附国(八十三卷)[M]. 北京:中华书局,1973.
[7] 焦虎三. 扎坝,走婚人家探秘记[J]. 民族论坛,2006,(9):42-45.
[8] 杨嘉铭. 一部展示伟大史诗《格萨尔》的精美画卷[J]. 西南民族大学学报(人文社科版),2004,25(4):468-469.
[9] 自然环境. http://gzdf.gov.cn/14166/14256/14379/2011/03/25/10527767.shtml[2018-1-5].
[10] 方国瑜. 方国瑜文集[M]. 昆明:云南教育出版社,2003.
[11] 藤井明. 聚落探访[M]. 宁晶,王昀译. 北京:中国建筑工业出版社,2003.
[12] 成斌. 川西北乡土建筑的生态特征初探[J]. 四川建筑,2004,24(5):17-18.
[13] 潘谷西. 中国建筑史[M]. 5版. 北京:中国建筑工业出版社,2004.
[14] 杨嘉明. 关于"附国"几个问题的再认识[J]. 西藏研究,1990,(4):28-35.
[15] 田华. 建造"诺亚方舟"——道孚藏族民居的抗震智慧[J]. 防灾博览,2008,(4):28-35.
[16] 刘先觉. 密斯·凡·德·罗[M]. 北京:中国建筑工业出版社,1992.
[17] 刘伟,刘斌. 建筑外部空间之过渡的调和空间解析[J]. 河北工程大学学报(自然科学版),2009,(6):21-23,29.
[18] 刘敦桢. 中国古代建筑史[M]. 2版. 北京:中国建筑工业出版社,1997.
[19] 杨嘉铭,赵心愚,杨环,等. 西藏建筑的历史文化[M]. 西宁:青海人民出版社,2003.
[20] 欧阳修,宋祁. 新唐书·吐蕃传(二一六卷上)[M]. 北京:中华书局,1975.
[21] 勒·柯布西耶. 走向新建筑[M]. 陈志华译. 天津:天津科学技术出版社,1991.
[22] 中国社会科学院语言研究所词典编辑室. 现代汉语词典[M]. 北京:商务印书馆,2000.
[23] 郭宏伟,毛中华. 西藏民居建筑(教程)[M]. 拉萨:西藏人民出版社,2013.
[24] 李建惠. 宫殿般的住宅道孚民居[J]. 民间文化. 旅游杂志,2002,(4):81-83.
[25] 周浩明,张晓东. 生态建筑——面向未来的建筑[M]. 南京:东南大学出版社,2002.
[26] 安格斯 J 麦克唐纳. 结构与建筑[M]. 陈冶业,童丽萍译. 北京:中国建筑工业出版社,1992.
[27] 周智翔,麦贤敏,张婷婷. 甘孜州道孚县藏族民居"崩科"式结构浅析[J]. 建筑工程技术与

设计,2005,(20):376-377.
- [28] 外国近现代建筑史编写小组. 外国近现代建筑史[M]. 北京:中国建筑工业出版社,2000.
- [29] 骆欢,杜轲,孙景江,等. 地震作用下钢筋混凝土框架结构倒塌全过程振动台试验研究[J]. 建筑结构学报,2017,38(12):49-56.
- [30] 王景慧,阮仪三,王林. 历史文化名城保护理论与规划[M]. 上海:同济大学出版社,2002.
- [31] 罗哲文. 罗哲文文集[M]. 武汉:华中科技大学出版社,2010.
- [32] 张宇,王其亨."建筑是凝固的音乐"探源——提法及实践中国古建筑维修保护价值观[J]. 世界建筑,2011,(2):130-133.
- [33] (春秋)老子. 道德经[M]. 南京:凤凰出版社,2012.
- [34] 大师系列丛书编辑部. 阿尔多·罗西的作品与思想[M]. 北京:中国电力出版社,2005.
- [35] 魏春雨. 营造[M]. 北京:中国建筑工业出版社,2005.
- [36] 亓育岱,郑金琰. 民用建筑防火设计图说[M]. 济南:山东科学技术出版社,2004.
- [37] 陈飞虎,彭鹏. 建筑色彩学[M]. 北京:中国建筑工业出版社,2007.